1995年の
エア マックス

小澤匡行
編集者

735
中公新書ラクレ

はじめに

膨れ上がったスニーカーマーケット

1964年に前身となるブルー・リボン・スポーツを設立し、今や世界最大のスポーツ関連商品メーカーとなったナイキ。その売上高は、2006年から2016年という、たった10年の間に倍増した。

2006年といえば、ナイキはミッドソールを用いない360度エアの「エア マックス360」を発売したことで、ソール開発の歴史に一区切りつけた年である。

一方、マーク・パーカーCEOとアップルのスティーブ・ジョブズCEOが共同プレゼンテーションを行い、スニーカーとデジタルを融合した革新的パートナーシップを組むことを発表した年にもあたる。

世界ではデジタル音楽の売り上げが急激な伸びを見せ、グーグルがYouTubeを買収した年でもあった。なおこの年、世界のインターネット利用者がおよそ10億人に、ウェブサイトの数は1億を突破したとされ、その頃の日本では、政府が「ＩＴの構造改革力で日本社会の改革を推進する」という戦略を掲げている。

こう聞くとつい最近のことと思われるが、デジタルの力で世界各国が結ばれてインターネット上の世界が急速に広がると、同時にスニーカーの可能性も爆発的に広がることになった。

「履いていると狩られる」とまで言われた「エア マックス 95」人気が社会現象となり、日本で〝空前のスニーカーブーム〟が起きたとされるのが１９９６年前後。実際、その〝ブーム〟とされた１９９６年からの20年において、ナイキの売上高はなんと約５倍まで増えている。

なおナイキの２０１６年決算期の売上高は３２３億７６００万ドル。これは単純計算すると１００ドルのスニーカーが１分間に６１６足売れていることを意味する。

もちろんこうした傾向はアディダスやニューバランス、コンバースといったナイキ以外の大手スポーツメーカーでも同様に見られた。また、近年そのブームを追うように、スニーカーへ力を入れ始めたルイ・ヴィトンやグッチ、バレンシアガといった高級メゾンが加われば、その市場規模は計り知れないまで膨れ上がっている。

複雑怪奇になったスニーカー売買

しかしそれで本当にスニーカーが好きな人に、欲しいスニーカーが行き届いているかと言われると疑問符が付く。

この本で詳しく記していくが、一般的には自分の足で希少なスニーカーを世界で発掘（ディグ）することが価値を持ったブームが第一次、ウィメンズ市場とリバイバルが盛り上がったのが第二次ブーム。そして情報や資金を駆使してレアスニーカーを手に入れる現代は第三次ブームと良く言われている。

日進月歩するテクノロジーは、確かに一定数の人々にとって、スニーカー（とその情報）をより身近な存在にさせた。これから先に発売となるスニーカーの話題はアプリを通じていち早く入手できるし、造形の細かいところまで、インターネットサイトを通じてチェックできるようにもなった。

一方で人気とされるスニーカーは一地域でのブームにとどまることなく、世界規模で人気を獲得することになる。それとともに、メーカーとは離れた場所で、そして定価と大きくかけ離れた値段で、ユーザー同士で売買される格好の商材になった。いわゆる「転売」である。

その盛り上がりは転売マーケットを飛躍的に大きくし、StockXに代表されるが、今や株価のごとくリアルタイムで上がり下がりするスニーカーの値段を見て、投資目的で売買するためのサービスまで登場した。

そうした、もはやスニーカーそのものからかけ離れた市場が拡大するにつれ、本来シンプルであるはずの「欲しいスニーカーを買う」という行為が、これまでになく複雑怪奇なものになりつつあるのも事実だ。

最近では、人気スニーカーを購入するために指定されたスニーカーを履いて行列に並ばなければならない、つまりドレスコードを指定するショップまで出てきている。

もちろんこれも転売を防ぐ名目で設けられたハードルだが、かつての第一次、第二次のスニーカーブームと、デジタル化した社会のもとで起きた第三次スニーカーブームは、どこか似ているようで異なる印象を覚えざるをえない。

震源地は「東京」から「世界」へ

ともあれ21世紀となった今、スニーカー市場はいまだかつてない大きなエネルギーを持つようになった。

　今現在、デジタル化した世界に適応できている20代の若者だったら、この現状を特に疑問視しないのかもしれない。しかし1990年代のスニーカーブームを経験した世代にとっては、違和感があまりに大きく、素直には受け入れがたい現実も多く含まれている。異常とも言える昨今の盛り上がりは、間違いなくインターネットの世界的な普及に関係している。そのため、良くも悪くもデジタルを駆使して欲しいものを手に入れられる世代と、お金で解決するしか術のない世代とを見るだけでも、まったく違う価値を持ち得ているように感じられる。

　スニーカーは健康的な社会を推進するという、非常に大きな役割を担う一方、俗物の対象にもなってきた。本書で詳しく記すが、思えば1990年代も人気スニーカーである「エアマックス」や「エアジョーダン」を巡る暴動や強奪、盗難事件が絶えなかった。今ではそれが単にネットの世界へと移り、定価からかけ離れた値段で売買されるような転売ビジネスも、だ。もちろん、そこで形を変えて行われているだけなのかもしれない。

　また世代によって、スニーカーとの距離感が違うのも事実だろう。

　その中でも、特にポスト団塊ジュニア世代ど真ん中である1978年生まれの著者は、前者であり後者でもある中途半端な世代らしく、時にブームを受け入れ、反発しながら大きな波に乗り続けている。

なお著者が5年前に書いた『東京スニーカー史』（立東舎）はタイトル通り、東京での話にフォーカスした。それは1990年代、日本独自の編集力やリサーチ力、そして日本人ならではの細部へのこだわりが、世界に先駆けてスニーカーカルチャーを創生したことに相違ないからだ。

しかし最初のブームからは20年ほど経ち、その震源地は東京から世界へと、既に移っている。

では現在、足元で起きているスニーカーブームはかつてのそれとはまったく繋（つな）がりのない、単なる一過性のバブルなのだろうか？　カルチャー的に見て軽薄なものなのか、それとも価値あるムーブメントなのか？　もしくは世界的に広まった、不平等や格差の象徴なのか？

その到達点を、ここまでの歴史と展望をもとに読みとっていきたいと思う。

＊文中敬称略。
＊本書でたびたび登場する「ストリート」という言葉について、その明確な定義はなく、現代

であればスタイルのテイストであり、属性を抱えるフィールドを指す言葉だ。しかし本書では、多くのサブカルチャーが結びつき、編集されたことで生まれるミックスカルチャーのことを総じて「ストリート」と定義している。

目次

本文ＤＴＰ／市川真樹子

1995年のエア マックス

第一章

〝テン〟年代のスニーカー

キーワードは「便利さ」と「複雑さ」

世界に先駆けてブームを経験した国、日本

1990年代、東京を中心として起きた日本のスニーカーブームは、もともとヴィンテージカルチャーに端を発していたと言える。そこに「カルチャー」のいくつもの分子が結びついたことで化学反応を起こし、爆発的な広がりを見せた。

特にマイケル・ジョーダンに引っ張られたNBA（アメリカプロバスケットボール協会）人気の影響はすさまじく、そこからバスケットボールシューズへの興味関心が高まると、その熱い視線はやがてハイテクスニーカー全体へと向けられていく。

これら一連のストーリーにおいて、メーカーによる仕掛けは一切なく、基本的にはファッションへの渇望とアメリカへの憧れで充満していた東京のエネルギーが作り上げたものだったと言える。

しかし21世紀に入ると、インターネットの急速な普及によって国際化が進み、スニーカーは世の中の多くのものと同じく、よりグローバルな存在になっていく。

著書『東京スニーカー史』（立東舎）を書き上げた時、２０１６年当時に起きていた人気現象は自然発生的なものではなく、メーカーの極めて緻密かつ戦略的なマーケティングの結果によるものだと書いた。実際、今では東京だけの局地的なカルチャーが生まれる余地はほぼなくなり、メーカーの主導によって人々の興味関心が整頓される状況にある。

１９９０年代に起きた〝あの熱狂〟を体感した著者にとって、どこか敷かれたレールの上を歩かされていくような２０１０年代の感覚に、最初は物足りなさを感じていた。しかし今この数年を振り返り、もしその統率されたレールがなかったとしたなら、現在の活況はとっくに終わっていたようにも感じている。

ブームと呼ぶには長すぎるこの人気を維持するためには、前提として、いつどんな時も、需要が供給を上回らなくてはならず、そのためには流通のコントロールが必要になる。スニーカーに限らず、人間関係においてもそうだが、欲しい対象が手に届く環境にあり続けるのは嬉（うれ）しい反面、次第に倦厭（けんえん）の情にかられやすい。

簡単に手に入らない状態をキープしながら、消費者を飽きさせず、そのニーズは何にあるのかをメーカーが模索し続けた２０１０年代。スニーカーを取り巻く世界はさらに複雑化し、そして激変することになるが、現場では何が起こり、それによって環境はどう変わっていったのか？ 第一章ではそれを追っていく。

日本は世界に先駆けて、1990年代に一度大きなスニーカーブームを経験し、草木のごとく盛んに咲き茂る様と、あっという間に枯れていく様を見てきた唯一の国だ。だからこそ、あの頃の教訓を生かすべきだし、同じ轍を踏んではならない。

あらゆるものごとが国境を越えて繋がった現代、マーケットの規模は当時の比ではないほど大きくなった。バブルが弾けることで起こる災厄の影響は、計り知れない。

スマートフォンが生んだ気軽さ

2010年代は〝テン〟年代とも呼ばれる。アップルのiPhoneが日本に初上陸したのが2008年。以来、スマートフォンの普及は急激に進み、テン年代に入ると私たちの生活様式は一変した。

総務省平成30年「通信利用動向調査」によれば、2010年にまだ9・7％に過ぎなかったスマートフォンの保有率は、その後のわずか3年間で62・6％まで上昇している。2017年には75・1％まで上がり、初めてパソコンの保有率を超えた。つまり、この間人々が情報を収集するツールは掌に収まるようになり、デスクトップの前に身構えて、マウス片手に検索する時代でなくなったのだ。

コンピューターをパンツのポケットに入れたり、首からぶら下げたりする生活が日常になると、情報は能動的に取りに行くのではなく受動的に、それこそ呼吸をするように入ってくるようになった。スマートフォンの普及率の推移と同じくして、SNS（ソーシャル・ネットワーキング・サービス）が流行したのは、個人がメディアを持ち歩くようになったことの副産物だ。

買い物はオンラインが当たり前となり、待ち合わせの時間や電車内、そして就寝前のベッドの上でできるようになった。そしてファッションアイテムの中でもとりわけ、靴は試着しなくてもいい、迷いにくいカテゴリだ。足にぴったりとしすぎるくらいが正しい革靴ならフィッティングも重要だろうが、スニーカーにそこまで気を遣う必要はないだろう。しかもナイキやアディダス、ニューバランスなど、大手メーカーのシューズを一足持っていれば、ある程度のサイズ感は摑（つか）める。

さらにエレクトロニック・コマース（EC＝電子商取引）が当たり前になり、返品やサイズ交換にも寛容な世の中になった。スマートフォンとスニーカーの関係性に限った話ではなく、とりあえず購入してみて合わなかった、似合わなかったら交換する、もしくは返品するという発想は、こと若者にとって罪の意識など覚えることなく、当然のように行っていることだ。

因みにナイキもアディダスも、購入から30日以内であれば返品が可能とされている。アディダスは未使用品に限るが、ナイキは「何らかの理由で自分に合わないと判断した場合」を返品の対象にするなど、ややサービス精神が旺盛すぎるようにも個人的には感じているが。

返品方法は、通販で購入した際に同封された納品書に、返品のリクエスト番号を記入するか、ＱＲコードをスマートフォンやタブレットのカメラで読み取り、指定の運送会社に集荷を依頼するだけ。アプリ会員であれば、送料無料で返品することもできる。

一昔前ではありえないサービスをスマートに享受できる時代は、同時にスニーカーをそれまで以上に、気軽に購入できるアイテムに変化させていった。

本質の先に見えたベーシック

サブプライムローン問題で世界中が未曽有の不景気に見舞われたのが２００７年。東日本を未曽有の大震災が襲ったのが２０１１年。次々と起きた問題や天災により、否応(いやおう)なしに育まれてしまった「明日は何が起こるかわからない」という不安は、今という瞬間を美しく生きたいという気持ちにスライドし、あらゆる物事を〝本質〟と向き合わせることになった。

同時にそれをファッションで言えば、2000年代半ばから長く続いたクラシック・トラディショナル回帰の流れを汲み、ものづくりにおける〝本気の度合い〟が購入する・しないにおける一つの基準になった。

材料に何を使い、どんな環境で、誰の手によって作られているのか？

生産者の顔が想像でき、生産のプロセスが垣間見えるものづくりに人々は本質を見出し、衣食住すべてにそれを求めるようになっていった。この興味関心が、次第にエシカルやサステナブルへの精神と発展していった。

いいものを長く。新しいものを所有するよりも、メンテナンスを繰り返しながら大切に使い続ける喜び。そうしたことに価値を求める時代に変わり、それはベーシックを崇拝する志向を生み出した。雑誌などのメディアでは、「長く愛せる名品」特集があちこちで組まれ、人気を博すようになった。なお、名品とされる条件は、当初、前述したものづくりにおいての〝本気度合い〟であったが、次第に「歴史があるもの＝価値の高いもの」へと基準も少しずつ変わり、存在感を増していった。

こうした流れはスニーカーにも影響を及ぼし、定番モデルを再評価する動きが生まれる。

その対象は、たとえばニューバランスの900番台や1000番台に始まり、アディダスオリジナルスの「スタンスミス」や「スーパースター」、ナイキの「エア マックス」、コンバースの「オールスター」、ヴァンズの「オールドスクール」など、各メーカーのアイコニックなモデルがかわるがわる注目された。

写真1 ヴァンズ「オールドスクール」。著者私物

このトレンドは、スニーカーのエントリーユーザーにも相性が良かった。「最新作よりも定番モデルに価値があり、おしゃれだ」という空気が広まれば、これまでスニーカーに向き合ってこなかった人にも入り口が明確だし、手に取りやすい。

後述するが、特に影響を受けたのが女性だろう。彼女たちにとって、パンプスから履きかえることへの抵抗感は少なくなったし、また基礎知識を得ることで、そこから先に広がるスニーカーの世界に興味関心を持ちやすい状況も生まれた。たとえ突飛なデザインであっても、そのモデルが世間一般のベーシックであることを知れば、人は疑うことなくスタイルに取り入れる。

ウィメンズと市民権

それまで女性の間で、スニーカーがそこまで大きなムーブメントとなる事例はなかった。そして成熟しきっていないマーケットほど、基本的に流行のモデルに「右へ倣え」の精神で皆が飛びつきがちだ。何より女性は男性以上に共感が重要とされる。みんなが同じ方向を目指しやすいし、その分トレンドを作りやすく、メディアも特集を組みやすいためムーブメントを増幅しやすいのが、特徴とも言える。

そしてSNSとの相性の良さも追い風になっている。ガイアックスソーシャルメディアラボが2020年3月に更新したSNSの最新動向データによれば、成長率が鈍化しているツイッターやフェイスブックは男性利用者の割合が高い一方、インスタグラムに関しては、20～30代に限ってみると、女性利用者の割合が60％を超えている。文字を読むよりも写真を見て情報を得るインスタグラムは女性向きで、スニーカーの物欲を高める有効なツールなのかもしれない。

2015年以降、定番モデルブームはさらに勢いを増した。

アディダス オリジナルスの「スーパースター」、そしてヴァンズの「オールドスクール」が大ヒット。それまでのミニマム志向から一転、少しデザイン性があり、音楽やスケートカルチャーによって育まれたモデルが受け入れられたことで選択肢が広がった。

ブランドデータバンクによる「あなたが持っていてお気に入りの靴・シューズ」という調査結果を見ると、2013年の女性のスニーカー着用率が23・4％だったのに対し、翌年には41％まで増加。これは初期のブームに比べて、およそ倍の人口がスニーカーを履いたことを意味しており、女性の間でもすっかり市民権を得たとも言えそうだ。ちなみにこの間、男性は60・1％から63・5％へと微増したに過ぎない。そう考えると、まだまだウィメンズの伸びしろは計り知れない。

デジタルネイティブが起こしたリバイバルブーム

こうして2013年あたりから高まり始めたスニーカー人気は、やがて「リバイバル」の盛り上がりへ繋がり、いわゆる第二次スニーカーブームと呼ばれるようになる。

この時期より、1990年代の第一次スニーカーブームの主役だったモデルが、まるで奉（たてまつ）られるかのごとく続けて復刻されたのは、ベーシック志向と密接な結びつきがあったと言える。スニーカーは、ややガジェットと似ており、これまでは新しいデザインやテクノロジーが流行の主流となってきた。しかしテン年代はそれと趣が変わり、より強いベーシック志向がもともと市場にあったために、リバイバルの動きが加速することになっていった。「リバイバル」とは、簡単に言えば復活や復刻のこと。トレンド的な解釈で言えば、過去のものを再評価し、もてはやす感覚だろうか。因みにキリスト教用語としての「リバイバル」には「伝道が飛躍的に進展し、信仰に入る人々が急増する現象」という意味がある。そしてそのブームの最中、それこそ信者のごとく、熱狂的となったスニーカーコレクターを指す「スニーカーヘッズ」という言葉が生まれ、その輪が世界に広がっていった。

１９９０年代ブームの火付け役は当時、青春を謳歌した今の中年世代たちだっただろうが、それを受け入れて広めたのは、１９９０年代をリアルに経験していない若い世代だ。彼らにとって見慣れないファッションやスニーカーが、新鮮でクールなものと認識されたことが大きい。

彼らの特徴は、デジタルネイティブであることだ。

物心ついた頃から電気やガスや水道を使うように、インターネットを常用している。テレビや雑誌の情報を頼りにせず情報を収集する世代の占める割合が徐々に増えると、むしろ彼らの情報の集め方や発信の仕方の方がスタンダードになっていった。

SNSによってスニーカーの情報もスピーディーに拡散され、フォロワーを多く抱えるインフルエンサーの投稿が、消費者の意思決定に直結する。

2015年、日本国内の月間アクティブユーザー数は約800万人だったインスタグラムも、2019年の3月までのわずか4年間で約3300万人まで急増。老舗(しにせ)SNSのフェイスブックでは若者離れが起きるなど、SNSの成長は全体的に鈍化しているものの、インスタグラムは変わらずに存在感を増し続けている。こうして、オンラインだけで繋がる可視化できないコミュニティーにより、情報は大量に生産され、スニーカーマーケットもその膨大な情報に引っ張られるように巨大化していった。

定番の再解釈から始まったテン年代のスニーカーブームだが、インスタグラムの利用者の急増と結びつくことで揺るぎないものとなった。当初、モデルや芸能人、クリエイターの投稿に大きな価値があった印象もあるが、今ではメーカーやブランドから発信されるオフィシャルな情報も、知らない誰かのつぶやきも、若者にとっては時に等しい価値を持ち、好意的に収集されるようになっている。

セレブリティーと21世紀型ヒップホップカルチャー

音楽、とりわけヒップホップカルチャーとスニーカーの深い結びつきは、1980年代から始まっている。かつてニューヨーク出身のラップグループ、RUN-D.M.C.がアディダスオリジナルスの「スーパースター」を愛用したことで、スポーツシューズがカルチャーの象徴になった。

なぜ「スーパースター」だったかと言えば、その理由はNBAにある。1970年代、黒人たちのスターの代表格はバスケットボール選手で、NBAのコートを占拠していたのは、「スーパースター」をはじめとする3本線が入ったレザーシューズだった。つまりアディダスを履いて宙高く舞い、華やかにプレイする選手に憧れた黒人の若者たちは、当然のようにアディダスを神格化したのであった。

1990年代初めにヒップホップのメインストリームは西海岸へと移るが、中期になると再びニューヨークを中心とする東海岸に戻る。そして彼らのスタンダードは「エア フォース 1」に変わっていく。

そんな1990年代に青春を謳歌した、シカゴ出身のカニエ・ウェストが、現代のヒップホップカルチャーを先導している。美大で絵画を学んでいたカニエは、音楽制作との両立に苦しんで大学を中退したというが、その後、音楽プロデューサーとしてのキャリアをスタート。契約したレコードレーベルの主宰者で1990年代のスター、ジェイ－Zに才能を見出されると、瞬く間にスターダムへの階段を駆け上った。

カニエとメーカーとのコラボレーションの詳細は後述するとして、21世紀のヒップホップカルチャーは、彼と彼から広がる人脈によって形成され、ラップは世界共通の言語になった。ヴァージル・アブローは、カニエが設立したクリエイティブエージェンシーで才能を開花させた同郷のデザイナーだ。3歳年下のヴァージルは、イリノイ工科大学で建築学の修士号を取得。会社勤めをしながらDJ活動をしている時にカニエに抜擢され、後に自身のブランドを手がけるようになる。2018年にルイ・ヴィトンのメンズ・アーティスティック・ディレクターに就任して以降は、彼のストリート・マインドがラグジュアリーの世界に浸透した。

20世紀のヒップホップは、ニューヨークの近郊、ハーレムやブルックリンなどの貧困エリアに暮らすストリートキッズの成り上がり志向がエネルギー源だった。しかし21世紀のそれは、まるで異質なものと言える。

最も大きな違いとして、ムーブメントの主役たちが、教養を備えたジェントルマンであるという点が挙げられるだろう。

ジェントルマンである彼らは繋がりや仲間意識を大切にしつつ、デジタルに多くの知恵を使っている。事実、カニエを取り巻くカルチャーは、ヒップホップと端的に言い切るにはいささか乱暴と感じるほどの広がりを見せている。因みにアメリカではアフリカ系アメリカ人による、ストリート、グラフィティ、ヒップホップなど、多数のサブカルチャーが集積した現象を「アーバン・カルチャー」と称している。

カニエやヴァージルから広がる強力なコミュニティーに、ナイキやアディダスなどのスポーツメーカーだけでなく、ヨーロッパのメゾンも注目し、協業を呼びかけた。それらを世界中のセレブリティーが身にまとい、世界中の人々が憧れて追いかける。その繰り返しがポンプのように、スニーカー市場だけでなく、ストリートのマーケット全体を膨らませた。

中国人とインバウンド

テン年代の世界的なスニーカーブーム、とりわけ東京での盛り上がりを支えていたのは、訪日外国人旅行者によるインバウンド消費だろう。

コロナ禍で停滞したものの、２０１０年からの訪日外国人旅行者数は、毎年25％程度も増えていた。2015年に至っては、前年から47・1%増の1974万人という驚くべき伸びを記録している。

彼らは日本の日用品や高級品を買い漁り、2015年のユーキャン新語・流行語大賞には「爆買い」が選出された。その中心は中国からの旅行者で、香港や台湾がそれに続き、インドネシアやタイ、マレーシアなども多い。これらの国々はもはや新興国ではない。賃金の上昇に伴い海外旅行を積極的に楽しんでいる、むしろ日本以上に豊かとなった国々だ。

インバウンドは、日本に絶大な収益をもたらした。財務省のデータによれば、旅行収支は2014年に44年ぶり、つまり大阪万博が開催された1970年以来初めての黒字となり、2019年上半期の黒字額は1兆3199億円まで拡大。過去最高の利益を記録している。

その後「爆買い」が社会現象となってしばらく経ち、来日する中国人の層も変わる。そして訪日中国人がスニーカーの売り上げに貢献しているのは、むしろ直近の数年だと言える。

中国人の旅行者は2015年頃に個人が団体を追い抜き、以降その差は年々広がっていると言われる。つまり、以前のような観光スポット前に大型バスが停まり、団体客がぞろぞろと降りてくる光景は減り、若者がカップルや友人同士で街をブラブラと歩く姿が増えているということだ。

そしてスニーカーなどのファッションに興味を持ち、消費しているのは後者に代表される、若いミレニアル世代の「プチ富裕層」だ。

中国では1980年以降に生まれた人を「バーリンホウ(80后)」、1990年以降に生まれた人を「ジョウリンホウ(90后)」と呼んでいる。一時期、訪日中国人のうちの8割を超えていた彼らは、日本で一言目に「ニーハオ」が出るようなステレオタイプの中国人ではなく、感覚的に「ハロー」が出てくる、グローバルな感性を持つデジタルネイティブだ。子どもの頃から日本のアニメとNBAを見て育ち、同世代の日本人よりもバスケットボールを愛し、マイケル・ジョーダンを神格化している。そして、ナイキやアディダスなどのシューズに憧れ、日本の裏原宿カルチャーにも造詣が深い。

そんな彼らにとって、ファッションブランドのシュプリームは文字通り「最高」だ。シュプリームは中国に進出していないため、彼らにとって最も身近な直営店は日本に存在する。いかにECが充実しようとも、登録住所が日本になければ、基本的には正規品を通販することができない。だからこそ彼らは発売日をチェックし、日本の店舗に朝早くから、前日の夜から行列を作って買う。その光景がSNSを通じて拡散され、さらに大きなブームを生み出してきたのは事実だ。

中国の「環球時報」が2016年に実施した「海外ブランド好感度調査」によれば、好きなブランドはナイキ(27・15%)で、次がアディダス(23・69%)。単純な比較はできないもののの、スポーツブランドにはアルマーニやエルメス、シャネルといった高級メゾン以上のステータスがあるということで、当然、その限定モデルには大きな価値がある。

経済的にもまだまだ勢いがあり、初めて大きなスニーカーブームを経験する中国の「バーリンホウ」は、最新モデルの購入に躊躇(ちゅうちょ)がないと聞く。一方、既に大きなスニーカーブームを経験し、成熟したマーケットを抱える日本人は、買うのを躊躇するアイテムなら手を出さない。欲しくなった時にお店を再訪すればいいし、他店と価格を比較して安い方をネットで買うことも可能だからだ。

しかし訪日中国人の場合、今買わなければ次はない。旅先ならではの〝マジック〟にも後押しされ、迷う前に銀聯カードを出すのだろう。

聖地としての東京

もちろん中国でも、日本以上にデジタル環境は発達しており、ナイキやアディダスなどの限定品を扱うショップやスポーツ店は多く存在する。では、なぜ中国人はわざわざ東京でスニーカーを買うのか?

それは東京がいまだにスニーカーの〝聖地〟であり、安心して購入できるからだ。スニーカーを扱う店舗数だけ見ても明らかだが、加えて小売店のセンスや提案力は、間違いなく世界一だと言える。

アトモス、キス、ABCマート、アンディフィーテッド、A+S、ビリーズ、ベイト。スニーカーブティックの有名店をざっと並べただけでこれだけある上、それぞれが徒歩圏内に密集し、支店まで構える。上野に行けばミタスニーカーズ、代官山ならスタイルスなど、地域を支える老舗がある上、2019年12月にはスウェーデンからスニーカーズエンスタッフが上陸するなど、東京の店舗密集度はかなり高い。服を主体に扱うセレクトショップでもスニーカーは必ず扱われているし、メーカーからの第一次販売が終了したレアモデルを取り揃(そろ)える小売店まで含めれば、スニーカーを取り扱う店舗の数は計り知れない。

一方、メーカー側はユーザーへ直接販売するD2C(Direct to Consumer)事業を拡大している。自社アプリの構築と管理を徹底しながら、登録ユーザーのデータを分析することで、兆候を摑み、ニーズを先取りし、的外れにはならないサービスの提供を可能としている。

メーカーと消費者のコミュニケーションがダイレクトで行われることで、1990年代に比べてメーカー側の影響が強くなったのは否めないが、それでも東京は世界のどこより、小売がシーンを盛り上げる〝聖地〟であり続けている。むしろECが盛んな中国ではなかなかできない、店頭でのリアルなショッピングが体験できることも、今や訪日の醍醐味とも言えるだろう。

ECとフェイク

中国でECが盛んになっているのは、人口の多さと国土の広さに起因する。加えて、自分に適したサイズがわかりにくいファッションにおいても、スニーカーはとりわけ見当がつけやすいからこそ、ECによる購入が盛んになっているのかもしれない。実物のカラーや素材の質感、クッショニングなどの履き心地を、自分の感覚で直接判断したいマニア層は別として、所有することそのものに喜びを感じるような多くのファンは特にそうだ。

経済産業省「平成30年度電子商取引に関する市場調査」の主要国におけるB to C (Business to Consumer) のEC市場規模と推移を見ると、中国は1・53兆米ドル、アメリカは0・52兆米ドル、日本は0・11兆ドルだった。中国のEC市場はアメリカの約3倍、日本の約14倍と、世界で最も規模が大きく成長力が高いということになるが、この傾向は、20

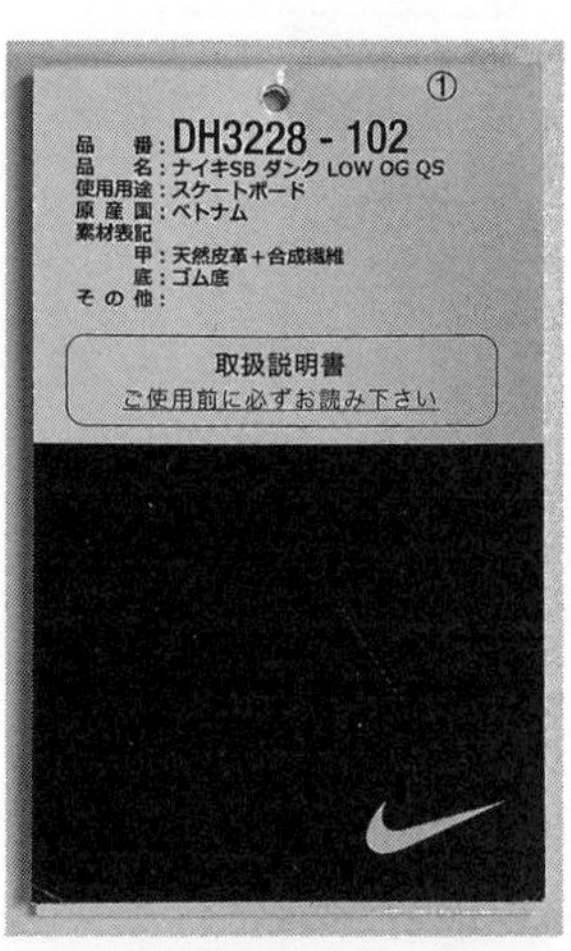

写真2　日本国内で流通するナイキのスニーカーに付けられた黒タグ

15年頃から飛躍的に加速している。これらの高い数字は、スニーカー市場の健全な発展に貢献しているものの、試着ができないだけでなく、運ばれる前に実物を自分の目で見定めることができない背景から〝フェイク〟問題が浮上した。

喉から手が出るほど欲しいスニーカーを高額で購入し、到着したらフェイク。かの国を象徴する事象の一つと言えるのかもしれないが、それでも購入者としてはやりきれないだろう。

だからこそ中国人は、日本で安心してショッピングをしたいと考える。日本で発売され、流通するナイキのスニーカーには、写真2のような黒いタグが付いていて、ここに品番や品名、原産国、そして問い合わせ先のナイキジャパンの所在地や連絡先が記載されている。これも大きな信用に繋がっているようだが、今やこの黒タグにも偽物が存在するらしい。

さらに日本は、関税の問題からそもそもスニーカーの価格が中国より安い。モデルによっては、一足につき２０００～３０００円の価格差が存在する。加えてテン年代前半は円安が進んだ上、消費税法の改正で免税対象にもなった。

因みに免税店数は２０１９年10月現在、５万２２２２店あるとされる。その数は２０１２年に比べ、実に13倍にもなっている（「都道府県別消費税免税店数の分布」観光庁調べより）。店舗が多く、種類が豊富で本物の保証があり、それでいて安い。スニーカーに限った話ではないが、テン年代の日本は、訪日者に快適なショッピング環境を提供できるようになった。そんな日本で、一人が旅の記念にスニーカーを２、３足を購入するのも、それほど不思議なことではないだろう。

広がる売買プレイス

インターネットがスニーカーを買う普遍的なプラットフォームになり、ＳＮＳが発展すると、そこに空虚感を覚える人も増えてきた。そもそもスニーカーカルチャーは、小売店やフリーマーケットなどを通じたフィジカル的な購入体験が育んできたものでもある。デジタルの発展により大きな利益を得てはいるものの、フィジカルが欠落することに危機感を覚えるメーカーも増えている。

一方、SNSの恩恵を受けて、スニーカーはファッションやアートやモード、アニメやフード、ゲームといったまったく異なるカルチャーとも絡み合い始めていた。こうした複合的な連鎖を集約し、それまで見えなかった繋がりを可視化した存在が「コンベンション」だ。

コンベンションの目的は文字通り交流で、インターネット上ではなくリアルな社交場で行われるスニーカーの売買、およびトレードにある。その発端は2009年、ニューヨークのスニーカーショップ、スタジアムグッズの創始者の一人、ユー・ミン・ウーが始めた「SneakerCon」である。

最初はダウンタウンにある教会の地下でひっそりと行われ、数百人が来場して個人間のコレクションを売買する程度のニッチなコミュニケーションでしかなかった。しかしSNSの発展に比例するかのようにその規模も大きくなり、今では年間を通して世界中の大都市で、あらゆる企業が協賛を募ってコンベンションを開催するようになった。

日本では2000年に原宿でオープンして以来、今や国内だけでも30店舗を超え、世界中にブランチを構えるセレクトショップ、アトモスによる「atmos con」が有名だ。こちらは2016年に第1回を原宿で開催。2020年はコロナ禍で中止、2021年はデジタル配信になるも、それまでは渋谷ヒカリエの大ホールを埋め尽くすほどの集客があった。

世界で最も注目を集めているコンベンションが「コンプレックスコン」だ。２０１６年に第1回が開催されると、アートディレクターに村上隆、アドバイザーにファレル・ウィリアムスが参画。ストリート愛好家にとって魅力的な空間と人脈を配置することで、注目度は年々増し、集客力を高めている。

メーカーも「コンプレックスコン」に合わせて新作のお披露目や発売を企画したり、有名なファッション関係者やセレブのトークショーやライブが会場内のあちこちで開催されたりと、足を運ぶことで得られる満足度は非常に高い。

そこでは、ナイキやアディダスといったメーカーだけでなく、アンディフィーテッドのような小売店もブースを構え、一般販売されないような限定モデルをその場で発売している。それを手に入れるために、スニーカー好きは惜しみなく情熱と金を注ぐ。

２０１８年の「コンプレックスコン」の場合、通常入場のチケットは60ドル。それよりも早く会場に入ることができるＶＩＰチケットは６４８ドルもするが、それも一瞬で完売。入場者数は2日間で5万人をゆうに超え、長蛇の列を作り出す来場者がしばしば暴動を起こすも、売上高は30億円にも上る。なお、近年は開催地としてロサンゼルスのロングビーチ・コンベンションセンターが選ばれ、その会場の広さは東京ドームの約半分に相当する。

特別なエクスペリエンスを期待する世界中のファンに支えられ、今や「コンプレックスコン」はスニーカートレンドの震源地の一つとなっている。

需給バランスと転売ヤー

定番モデルと限定モデル。言葉の意味から考えてもこの二つはまったくの正反対で、それぞれ支持するファンは異なるが、一方で両者は密接に結びついている。

テン年代前半に大きなスニーカーブームが訪れたきっかけは、これまでにも記した通り、ベーシックモデルの再興だった。

過去にスニーカーブームを経験したことがない若者や女性に向け、各メーカーは、それぞれのストーリーやヒストリーをかい摘まんだり膨らませたりしながら、その魅力を伝え続けてきた。広く認知されている定番は、往々にしてブランドの黎明期に誕生したモデルが多い。その長い歴史を称えるかのように、今度は節目ごとにアニバーサリー企画を打ち出し、話題を絶やさず提供していった。

たとえば誕生から20年、30年が経過したような定番モデルには多くのバリエーションが存在している。同じモデルであっても、生産された時代によって色や雰囲気、素材の質感、そして微細なシルエットに変化があったりする。そうした意図せぬ変遷に価値を見出し、初期のフォルムを再現したり、オリジナルカラーを限定で復刻したりするのだ。

また、人気のブランドやショップやアーティストと結びつき、周年に相応（ふさわ）しいコラボレーションがしばしば企画されるようになった。販売足数や展開店舗に限りを設ければ、それが欲しいすべての人の手に届くことはない。そんな需要と供給のアンバランスに目をつけて転売する人、いわゆる「転売ヤー」が増えたことで、セカンドマーケットやリセールマーケットと呼ばれる二次市場が急速に発展した結果が、スニーカーカルチャーの現在地である。

これらには各ブランドのアイコンという共通項しかない。しかしメディアはユーザーを煽（あお）るべく、半年から一年くらいのスパンで次の定番を模索しては、使い捨てるかのように次々と提案していった。「定番こそベスト」という価値観が定着した背景として、スニーカーの奥深いカルチャーにこだわらず、表層的な部分で満足する人が多かったことは否めない。こうした傾向は、スニーカーはスタイルを構成する一片だと割り切った女性やファッション意識がひたすら高い男性に強かったようだ。

今の時代のスニーカー好きは、ざっくりと三つに分類できる。

一つはおしゃれに着飾るためにスニーカーを必要とする「スタイルメイブン」。二つ目は希少価値の高いモデルを所有することに喜びを感じる「スニーカーヘッズ」と呼ばれるコレクターやマニア。そして三つ目が、スニーカーを金の成る木と割り切って、投資目的でリセールに情熱を注ぐ「リセーラー」だ。

「スニーカーヘッズ」はいつの時代も変わらずムーブメントの中心にいる。しかしシーンを大きくするには一つ目の「スタイルメイブン」の盛り上がりが求められる。

株式化したスニーカー

現在、スニーカーのリセール市場の規模は1兆円を超えるとまで言われている。

その状況や人々の関心に目をつけたのが、青年実業家のジョシュ・ルーバーが2016年に設立したStockXだ。定価2万円に満たないスニーカーに、ルイ・ヴィトンのバッグやロレックスよりも高い値がつく中、安全でフェアなリセール市場を構築することを目的に生まれた。今やスニーカーはもちろん、ストリートウェア、腕時計、ハンドバッグなどリセール商品全体の取引プラットフォームとなっている。

StockXは需要と供給のバランスから適正な相場を導き出す株式市場のメカニズムを採用しており、市場価格がリアルタイムで更新されている。モデルの詳細ページには、発売日や品番といった詳しいデータとともに、価格の推移や過去取引の履歴が事細かに公開されており、ユーザーはその変動を見極めながら取引ができる。まるでマネーゲームを楽しむかのように、スニーカーに熱を上げることができるのだ。

売りたい人は、サイズごとに細かく表示された該当モデルの最高入札価格を参考に、その価格ですぐに取引してしまうか、自分で希望額を設定し、更新される相場を追いながら操作し、機が熟すのを待つか選択できる。買いたい人は当該モデルを検索すると、マイサイズの入札額や出品価格が把握できるので、自分の希望額を提示してマッチングを待つか、出品価格を払ってすぐに購入するかどうか決められる仕組みになっている。

購入した商品はStockX独自の真贋鑑定施設に送られ、トレーニングを積んだスタッフが一足一足チェックする。本物であることを証明する緑色のタグが付けられた後、速やかに購入者のもとに発送される。

そのため、顔を合わせない不透明な売買から生まれるブラックマーケットの懸念、つまりフェイクを買ってしまう心配もここにはない。日本でのヤフオク!やメルカリのような当事者同士による直接取引ではなく、売り手と買い手を仲介する取引市場を提供することにより、安心かつ安全にスニーカーを購入することができるのだ。

主な収益は、取引手数料によるもので、これは金額によって異なる。またサイトに掲載されているモデルは、発売直後からの価格の推移まで分かるため、知恵の働くスニーカーヘッズや転売業者は、事前にある程度、収益予測ができるのも魅力である。

商品は新品のみが対象だ。状態の判別基準が人によって異なる中古は、一点ものになるため、株式のレートに載せにくく、トラブルの対象になるからだろう。仲介が細部までチェックしてくれるため、自分で細かく撮影をする必要も、相手との直接的な交渉や駆け引きの必要もない。誰に気を遣うことなく取引ができるのは現代的で、ユーザーからすれば嬉しいところだ。

人と人との繋がりが希薄になりつつある現在において、メールのやりとり一つにもトラブルの種は潜んでいる。顔の見えない取引の利点である「手軽さ」を助長し、担保するプラットフォームの構築は、今後さらに活発となるだろう。

アプリとリセール

StockX 以外にもスニーカー専門の整備されたリセールプレイスは盛況を見せている。ユーズドも対象にしている GOAT（ゴート）、委託販売システムをとり、商品の保管や発送なども託せるスタジアムグッズが海外では有名だ。爆発的に成長するリセール市場を、ＩＴによる安心・安全のシステムで支えるこれら企業の将来性は高く評価され、大規模な資金調達が可能になったことで、事業はより拡大している。

アメリカと同じ、もしくはそれ以上にスニーカーブームを牽引する中国もまた、早い段階でスニーカーと株を同質なものと見なした。

なお、政府によるインターネット上の情報統制が厳しい中国では、自国のみで使用できる取引プラットフォームが多く存在する。Niceや得物といった中国のみで使えるアプリで相場をチェックし、微信（ウィーチャット）という中国版ツイッターを使いこなし、情報を収集するのが一般的のようだ。

そして先述した通り、中国のスニーカーファンが切に願うのは、フェイクを摑まされる心配がない、安心で安全なショッピングだ。だからこそ彼らは、日本の正規店で販売されるスニーカーを欲し、日本ならすぐにハサミで切られてゴミ箱行きとなるナイキジャパンの「黒タグ」も、中国では大きな価値を持つ。

日本でもテン年代後半よりスニーカーの株式化が加速し、激戦の様相を呈している。たとえば２０１８年には国内でモノカブがスタート。ちなみにモノカブを起業したのは、１９９

2年生まれの元証券マンだ。YouTubeの「atmos TV」出演時のトークによると、1日数千足もの新品スニーカーが倉庫に届くという。彼らもまた鑑定プロセスを挟むことで、安心できる売買サービスをユーザーに提供している。

こうしたリセールマーケット拡大の背景には、「定価で欲しいものを買うことができない」状況を操作しているメーカー側のマーケティングに問題があるだろう。

かつて欲しいスニーカーを買うための原則は「First come, first served（早いもの勝ち）」で、その象徴が行列であり、先着順のオンライン販売だった。ただこのシステムについては常々公平性の問題が指摘され、購入権利は「抽選が平等」という考えに帰結している。

狡猾な不正を働かない限り、個人による買い占めが不可能になったことは確かに健全だが、「手に入れられるかどうかは神のみぞ知る」というハンティング要素がない現状は、ある意味ピュアなスニーカー好きにとって、残酷で味気ないものかもしれない。

一方「人気スニーカーにおいてメーカー希望価格とはあってないような存在で、あくまで時価で買うもの」という、半ば諦めにも近いスニーカーヘッズたちに漂う空気を鋭敏に察知し、それをポジティブに変換すべく知恵を働かせたリセール市場がダイナミック・プライシング、つまり変動相場を取り入れることで、新しいマーケットを確立、拡大したのである。

ミニマリストとモード

テン年代前半の大きなファッショントレンドとして、トラディショナルからスポーツへの移行がある。

2001年に起きた凄惨なアメリカ同時多発テロ事件、2008年のリーマン・ショックといった未曽有の金融危機だけでなく、気候変動の危機など、世界規模で向き合わなければならない数々の問題に対し、ファッションの世界は謙虚に耳を澄まし、無理に着飾るよりもシンプルでカジュアルに、という空気が生まれた。

当初、これらの問題は意識の高い人を除き、どこか対岸の火事と思われていた節もあったが、日本は東日本大震災という大きな災害を経験したことで、多くの国民が、少なからずそれぞれの人生観を見つめ直し、それはファッションにも変化を及ぼすことになった。ファッションは嗜好品である以上、本来そこで感じる満足度は、人それぞれだ。しかしこの時期には、長く愛せる健康的なものが求められ、それに伴ってスタイルが研ぎ澄まされていった。

加えてその前年の2010年には人と物との関係だけでなく、仕事や人間関係への考え方も変えた「断捨離」がユーキャン新語・流行語大賞にノミネートされており、身の丈に合わせた快適なファッションが求められるようになっていた。

断捨離がブームとなると、最小限で丁寧なライフスタイルを実践するミニマリストが世にあふれた。その流れに呼応するかのように、人々はシンプルで動きやすいスニーカーを選ぶようになるなど、スニーカーは世相を反映するアイコンにもなっていた。

より良いものを長く使い続けたいという空気の先で、世間が価値の定まった定番スニーカーに目を向けるようになると、同時に、それに該当するものの多くが、1990年代に誕生したモデルであることに多くの人々が気づく。そうしたモデルが続々と誕生し続けた時期こそ、日本で初めて社会を巻き込んだ第一次スニーカーブームの絶頂期だった。

なおその過ぎた絶頂期を経験した層が、ファッションの最前線で活躍し始めたのがテン年代でもあった。新しい価値を持ち、30～40代となったデザイナーやクリエイターたちは、自身の原体験をそれぞれのスタイルに自然と盛り込むようになり、結果として1990年代のトレンドの再燃に繋がる。

海外、とりわけヨーロッパのモードの世界でも同じ現象が起き始めた。ルイ・ヴィトンやグッチやプラダといったビッグメゾンは、外部デザイナーを招聘し、それぞれが任期をまっとうするわけだが、過去はシャネルにカール・ラガーフェルドが、エルメスにマルタン・マルジェラが、ルイ・ヴィトンはマーク・ジェイコブスが、ディオールオムにエディ・スリマンが就任した。彼らの交代劇はファッション業界のビッグニュースになり、トレンドに大きな影響を与える。

ジョージアのストリートで育ち、名デザイナーを多く輩出しているベルギーのアントワープ王立芸術アカデミーを卒業したデムナ・ヴァザリアは、自身のブランドを手がける中、2015年にバレンシアガのアーティスティック・ディレクターに就任した。ストリート育ちの彼の感性によって、モードにおいてスニーカーは欠かせないピースとなった。

巨大化したアメリカのヒップホップ、つまりアーバン・カルチャーの海外進出も、ヨーロッパのモード界は歓迎した。この10年はダイバーシティーの名のもとに、様々なマイノリティーに活躍する機会が与えられた。その機運を高めたのはブラック・ライブズ・マターである。

ストリートで育ったブラック・コミュニティーによるファッションのパワーは、上質な生地で仕立てられたイタリア製のプレタポルテと、オーバーサイズの白いTシャツの価値を同列にしてしまった。ナイキやアディダスとビッグメゾンのコラボレーションが普通に行われる現在、スニーカーはハイプの象徴であり、最先端のファッションアイコンであり、ラグジュアリーなアクセサリーへと存在意義を変えていった。

テン年代のスニーカーブームは、ファッションが独自路線を歩むのではなく、世の中の流れの影響を受けているところにこそ、飛躍する可能性があった。そしてモードの世界でも、その傾向が顕著だったように思える。近代的なブルジョワジーやセレブレリティーのために作られる、ただグレードが高いだけの奇抜な服が、モードの主役ではなくなったのだ。

もちろんそこで発表される多くに通俗的なリアルクローズとの距離はあるものの、特にヨーロッパ出身のデザイナーたちの繊細なマインドは、シーズンごとに発表されるコレクションに強く反映され、政治や環境問題を対象にしたデザインも年々増えている。

このように、社会性を持つ服作りがトレンドの小さな波を起こし、角を丸めながら一般的に解釈されて広がっていったのが、SNSが普及した近年のファッション構図だった。それこそ1990年代までのモードの世界は、前述した特権階級の欲望を駆り立てる服であり、一般的なカジュアルファッションにまで結びつくことはなかった。そんな孤高の世界など今は昔のこととなり、現在は時代を反映し、密に繋がった。

そして2016年が過ぎた頃、この動きはより活発になり、「ダッドシューズ」という新しいトレンドを生み出したのである。

以上がテン年代に起きた世界的なスニーカーブーム、その背景にあったと思われるものだ。このトレンドも、当初は「1990年代に起きたものの再来」などと指摘されていた。しかし、あらためて振り返れば、これだけの要素が人気を支えてきたのである。

実際、1990年代当時を多少なりとも経験した身から言えば、「再来」という指摘は盛り上がりの端緒を遠くから見ただけのもので、中身はまったく異質なものと思われる。そもそも、あの頃とマーケットの規模が明らかに異なっている。

東京をブームの中心と認識していた当時はスニーカーを愛する個々の熱量がカルチャーとなり、シーンを変えることができた。しかし今のシーンはリアルとアンリアルの両方の世界に存在している。その規模はあまりに大きく、実態すら摑めないムーブメントとなってしまった。その動力は紛れもなくインターネットで、そこでの知恵や工夫なくしてシーンを動かすことは最早不可能だ。

便利さ、複雑さと不可分な関係にあるのが、現在のスニーカーカルチャーだとすると、不便さ、簡潔さと不可分だったのが、1990年代のスニーカーカルチャーだった。もちろん、こんな未来がくることを予想もしなかった当時、ここまでの利便性の享受を望んでいたわけではないだろう。しかし、あの頃と今のブームがいくつかの点でしっかりと繋がっているのは紛れもない事実だ。

　では追憶の日々から、どのような変化を繰り返し、進化を遂げて、現在へと至ったのか？第二章では、１９９０年代の東京を中心として起きた、第一次スニーカーブームを追想してみたい。

第二章

「シューズ」から「スニーカー」へ

1990年代前半までに何が起きたか

「スニーカー」誕生前夜

「シューズ」と「スニーカー」という言葉の意味に、厳密な違いはない。

たとえば『月刊バスケットボール』（日本文化出版）や『陸上競技マガジン』（ベースボール・マガジン社）といったスポーツ雑誌に掲載されているのは「シューズ」で、同じモデルでも、ファッション誌に掲載されれば「スニーカー」となる。

1976年に創刊した、青年のバイブル『ポパイ』（平凡出版。のちのマガジンハウス）の創刊号では、〝スニーカーこそ僕らのための靴だ！〟という見出しのもとにスニーカーカタログが掲載されている。

本来、運動のために作られるものがスポーツシューズだ。その目的がファッションに変わった瞬間、つまり機能より見た目を重視し、個性を表現するツールという存在に変わったのはいつだったのか？

日本では第二次世界大戦以降、GHQの間接統治のもとに民主化が進められ、洋装化のも

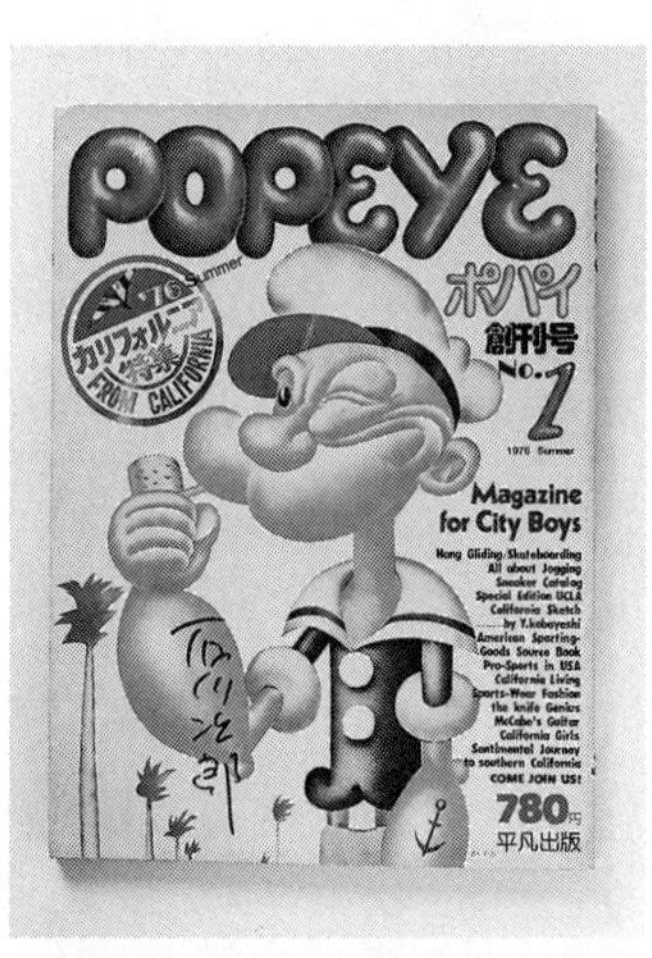

写真３ 『ポパイ』(平凡出版)創刊号。著者私物

とにファッションが萌芽した。日本人は「ねばならない」ルールをアメリカから観念的に学び、トレースするうちに独自性を見つけ出していく。

日本人が手にした、モノとしてのアメリカ。その始まりはＰＸと呼ばれる米軍基地内の売店から横流しされた商品だ。その貴重な品々を手に入れたお店の集合体が上野のアメ屋横丁や、神戸の元町だった。華やかなアメリカを手に入れるために、ややダークめいた世界に潜入する。この感覚こそ、実は日本におけるストリートの根源かもしれない。

その後、１９６４年に海外渡航の自由化が始まり、日本からアメリカへ渡航できるようになり、ベトナム戦争が終わった１９７０年代中期頃から、両国間の往来が本格化していく。

空は晴れ渡り、キラキラと輝いて見えた国、アメリカ。その国土を足元に、外国のリアルを買い付ける嗅覚と行動力に優れたバイヤーたちにより、日本のファッションはさらに開かれていく。たとえば雑誌『ポパイ』は1970年代後半より、アメリカのアウトドア文化をモノの価値から包括的に捉え、「ヘビーデューティー」という概念をファッション化した。

それからおおよそ10年、経済の急速な成長を追い風に、ファッションの中心の関心はヨーロッパに移ったが、その間アメリカではスケートやヒップホップカルチャーが生まれている。そして、その盛り上がりを見逃さなかった高感度な人々たちの創意工夫によって、ストリートの土壌が作られていった。

一方でスニーカーに話を戻せば、1990年代に入る頃まで、まだ世間一般に「ストリートファッション」という言葉は認知されておらず、スニーカーもまだアスレチックシューズの域を出ていなかった。

スニーカーとして、その時々に一世を風靡したモデルはあったものの、それらはイタカジやDC（デザイナーズ・キャラクターズ）スタイルといった、目まぐるしく移り変わる学生のマスファッション、その足元の一つに過ぎなかった。たとえばアディダスの「スタンスミス」やK・スイスの「クラシック」、リーボックの「フリースタイル」、トレトンの「ナイライト」など、機能よりも癖のないシンプルなデザインが評価された印象が強い。

これらのモデルが流行したのは、1985年前後。それは1970年代中頃から始まったアメリカンカジュアルの盛り上がりも一段落し、様々なファッションが舶来し、強いエネルギーを発するようになっていた最中である。

アイビーに華やかさを加え、抜け感を出したプレッピーは、1970年代のトレンドの延長線として次世代に繋がった。また当時、禁欲的とも言われた黒で全身を包んだカラス族に代表されるニューウェイブ、同じくモノトーンを基調としたDCブランドが全盛を迎えた。

ウィメンズでは、デザイナーのアズディン・アライアが身体のラインを美しく強調するボディ・コンシャススーツをコレクションで発表。大きな時差なく日本に上陸した。その前衛的なファッションは、多くのスーパーモデルによって支持されたが、日本ではOLファッションへとデフォルメされ、派手な時代の象徴となるなど、その意味は見た目とともに変わっていった。

こうして日本のファッションが、バブル経済の後押しを受けてマス化へと進む裏側で、感度の高い若者たちによるカルチャーが育まれた。ヴィンテージ、音楽、スポーツがその代表だ。

日本独特のヴィンテージカルチャー

新しいモノを愛用しているうち、そのモノの古いバージョンまで欲しくなるのは、物質主義で成長した日本人特有の感性なのかもしれない。

1980年代後半になると、ヨーロッパ人気の反動でアメカジブームが再び盛り上がる。これは、以前に『ポパイ』が打ち出したアメリカ文化を体感していない団塊ジュニア世代が新しく解釈したアメリカで、1970年代の単なる焼き直しではなかった。

その新しく生まれたムーブメントが「渋カジ」だ。当時のアイコンともいえる紺ブレ（紺ブレザー）にジーンズやミリタリーパンツを合わせるような発想は本家のアイビーにはなく、1980年代の日本らしい、オリジナルの感性だ。

ヨーロッパ人気の裏側に生息していたニュージェネレーションは、とにかく古いモノに敏感な世代だった。「年代物で、古くとも価値がある」といったニュアンスを指す「ヴィンテージ」という言葉が広く浸透し、都内に古着店が増えていったのもこの頃。するとチャンピオンのスウェットやリーバイスのジーンズ、サープラス系とともにスニーカーを扱うお店も増えてきた。

バイヤーには、現地での買い付けにこだわる純粋なアメリカ好きで、かつ資金力のある者がいれば、国内の業者から仕入れる者もいる。スニーカーにおいてはアメリカだけでなく、日本にもデッドストック（売れずに残った古い在庫）という、豊富な資源があったのだ。

海外メーカーのスポーツシューズが日本でも注目され始め、正規ルートで輸入展開がスタートしたのは1970年代後半から。それが1980年代になると、全国各地のスポーツ店にシューズが流通するようになった。嗅覚のあるバイヤーは、それこそ地域に根ざしたどこにでもある普通のスポーツ店を行脚し、セール品や倉庫に保管されていた売れ残り、つまり「世間一般に価値のないシューズ」を格安で買い漁ったのである。

スニーカーにおけるヴィンテージブームはランニングシューズから始まった。それは一部のランニングシューズにおいて、その技術力に目をつけた海外メーカーが既に日本生産を始めていたことが背景にある。

ナイキやブルックスはアサヒシューズ、コンバースやニューバランスは月星化成（現ムーンスター）などが生産を請け負っていたが、1970〜1980年代となると、ナイロンやメッシュなどアッパーに使える素材が進化したことでより自由度が高まり、製品をアピールできるカラフルな配色が主流となっていった。これらのシューズは国内需要や流通数も多かったわけだが、ブームの背景にはこうした事情が関係していた。

しかし、ブームの中で国内のデッドストックが底をつくと、多少の着用歴のあるユーズドにも目が向けられ、古着店に並ぶようになった。当然ユーズドの方が安く、数多く手に入りやすいため、バイイングのハードルは下がる。そうした背景で、店頭に並ぶモデルのラインナップが増え、程度の良し悪しによって価格差が生まれるなど、マーケットも充実していった。

こうして東京の原宿を起点に、ユーズド市場は千葉や神奈川へと広がり、メディアも注目し始める。1986年に創刊した雑誌『Boon』（祥伝社）は、ストリートスナップ特集をする中で聞き出した街の声をもとに、1989年にヴィンテージ特集を展開。その奥深さを浮かび上がらせるとともに、1990年代のストリートを牽引する一因になる。

NBAとヒップホップカルチャー

サッカーや野球といったスポーツと比べても、特にバスケットボールにはカルチャーと結びつきやすい性質がある。

そもそも「バスケットボール＝黒人のスポーツ」といった認識は、1970年代に定着していった。1960年代は、8年連続でNBAファイナルを制したボストン・セルティックスの黄金期。向かうところ敵なしの状態で、主力選手の多くは白人だった。それが1970

年代に入った際、当時アメリカに存在していたもう一つのプロバスケットボールリーグ、ABA（アメリカン・バスケットボール協会）が財政難に陥り、事実上消滅してしまう。

残ったチームはNBAに吸収されるような形となるが、それによりNBAは群雄割拠の様相を呈しただけでなく、ABAが早くから取り入れていた3ポイントシュートやオールスター戦のダンクコンテストを採用することに。こうしてバスケットボールは、エンタテインメント性を備えたスポーツとして全米中から注目されるようになる。

ABAからNBA入りした鳴り物入りの選手のほとんどが、跳躍力を含めて、身体能力の高いアフリカ系アメリカ人だった。ジュリアス・アービング、モーゼス・マローン、ジョージ・ガービン。観客を魅了する彼らのプレイに憧れを抱き、バスケットボールシューズ、いわゆるバッシュを街で履くニューヨーカー、特に郊外のブロンクス地区の若者たちの間でブレイクダンスが流行。ヒップホップカルチャーが生まれた。

当時の若者の足元は、1960年代以前にNBAの主役だったプロケッズの「ロイヤルプラス」がまず人気で、感度が高いキッズは、1970年代から大流行したプーマの「クライド」やアディダスの「スーパースター」や「トーナメント」を履いていた。

「スーパースター」は、初めてレザーを採用したバッシュとして、1969年に誕生している。それまでのアッパー素材の主流だったキャンバスやスウェードに比べ、厚みのある本革が選手の足をしっかりと守ったのである。耐久性を向上させた形状が貝殻に見えることから、そのつま先は「シェルトゥ」と呼ばれた。

写真４　アディダス「スーパースター」。著者私物

１９７０年代に入ると、ＮＢＡ選手のほとんどがアディダスを着用した。中でも「スーパースター」はその筆頭モデルで、海を越えた日本でも、高校生や大学生、社会人のバスケットボール選手の間で流行することになる。

その高いシェアは、アメリカの刑務所内でも同じだった。獄中で凶器になりうる靴紐（くつひも）は没収され、プリズナーはシューレースなしで靴を履くことを余儀なくされたのだが、その足元に肉厚な「スーパースター」の高いフィット感が適したという。

そんな武勇伝（？）が娑婆にも伝わり、紐なし、もしくはファットシューレースに付け替えて、ゆるく履くスタイルが流行する。その先導者がブロンクスで結成されたロック・ステディ・クルーであり、RUN-D.M.C.だ。彼らの登場がブームを決定づけた。

クィーンズ区出身のラッパー3人組のカリスマに将来性を感じた所属レーベルのプロデューサー、リック・ルービンは、アディダスに直接交渉を持ちかけ、初めてスポーツ選手以外のスポンサー契約を成功させたのだ。

RUN-D.M.C.の言葉に耳を傾けたアディダスは、紐なしで着用でき、ファットシューレースが付属する「ウルトラスター」をリリース。さらに「エルドラド」や「ブローハム」などスポーツではなく、カルチャーのためのシューズを作るようになっていく。

なおリック・ルービンが主宰するデフ・ジャム・レコーディングスは、所属するアーティストにもアディダスの着用を勧め、イメージ戦略を行った。

実際、パブリック・エネミーやLL COOL J、初期のビースティ・ボーイズといった時代の寵児たちは皆、アディダスのトラックスーツとスーパースター、カンゴールのハットに身を包んだ。その制服化したスタイルは日本にも上陸し、「スーパースター」も「バッシュ」から「スニーカー」へと存在意義を変えていった。

マイケル・ジョーダンの登場

一方、オンコートではバッシュが進化を続け、「フォーラム」や「ユーイング」に代表される重厚なハイカットシューズが定番となっていく。

その最中となる1984年、NBAシカゴ・ブルズに、あのマイケル・ジョーダンの入団が決まった。彼の超人的なプレイは、後に世界中を虜にすることになるが、ナイキはまだただの新人だったジョーダンと、異例とも言える大型のエンドースメント契約（企業が肖像権利用や商品化権利などに関する独占契約を結ぶこと）を締結。世界中から注目を集めるとともに、ナイキはそのブランド価値を大きく高めることに成功した。

1980年代中頃、一般家庭におけるケーブルテレビの加入率が過半数を超えていたアメリカでは、テレビ露出を最大限に活用し、ブランドへの消費意欲をかき立てることが有効な広告戦略だった。その内容は、商品そのものにフォーカスするより、ナイキがジョーダンとの間で模索したように、ブランドとアスリートの価値を同時に高めようというイメージ訴求がとても効果的だった。

そのようにしてナイキから発売された「エア ジョーダン 1」のテレビCMは、ゆっくりとドリブルするジョーダンを上から捉えたカメラのアングルがゆっくりと下がっていくだけ。テクノロジーに関する情報は一切なく、開発エピソードだけが端的に語られるだけだった。

1988年、シューズデザイン自体も大きく様変わりした「エア ジョーダン3」のCMでは、ニューヨークに住むバスケ好きのヒップホップ青年を主役に描いた恋愛コメディ映画『シーズ・ガッタ・ハヴ・イット』の主役兼監督、スパイク・リーを抜擢する。なお、同作でリーが演じたマーズ・ブラックモンにとって「エア ジョーダン1」は、セックスの最中すら脱ごうとしない大切な存在だった。そのマーズ・ブラックモンの軽快なラップ調のトークと、口数少なめのジョーダンが絡み合うコミカルなCMは、たちまち若者の心を摑む。

このCMでナイキは、「エア ジョーダン」というシューズ、マイケル・ジョーダンというプレイヤー、そしてナイキという企業、そのすべての価値を押し上げることに成功する。そして「著名人を起用することで商品の露出を高める」掛け算方式の戦略が、新しいスニーカーマーケティングの正義となった。あらためて考えれば、ジョーダン自身もまた、ナイキとの契約によって輝いたシンデレラボーイだった。大学時代に活躍し、既にロサンゼルス五輪にアメリカ代表として出場していたとはいえ、まだ20歳そこその学生である。プロのコートに足を踏み入れたことすらない、そんなジョーダンに、いきなり自らの名を冠したシグネチャーシューズが用意されたのだから。

マイケル・ジョーダンとナイキの契約

１９７０年代まで、あらゆるスポーツ選手たちは自分自身でメーカーと契約を交わしていたが、１９８０年代になると代理人制度（主に弁護士が担当した）が一般化している。

実際にこの頃、巨大になっていたアメリカ企業相手に、個人が対等に交渉を進めるのは最早不可能となっていた。そこでスポーツ業界の商業的な成功とスポーツメーカーの大きな利益、そしてプレイヤーの価値向上という理想の実現をもたらすために代理人制度が登場する。

ジョーダンの代理人は、大手スポーツマネジメント会社、プロサーブ社のデビッド・フォーク。彼はかつてアディダスと、アメリカ人選手のスタン・スミスやジミー・コナーズ、黒人として初めてウィンブルドンを制覇したアーサー・アッシュを結びつけるなど、主にテニス業界で実績をあげていた敏腕社員だった。

Netflixで放映された『マイケル・ジョーダン：ラストダンス』によれば、フォークはナイキの担当者であるロブ・ストラッサーに対して「もし君たちが本気でマイケルと契約したいのなら、彼をテニス選手のように扱い、シューズやアパレルのブランドを作ってもらいたい」と伝えたという。

ちなみにジョーダンが最初に交渉した相手は、母校ノースカロライナ大学が契約していたコンバースだった。コンバースももちろんジョーダンに対して興味を示したものの、フォークが希望したシグネチャーモデルを作ることは拒否。ＮＢＡの大スター、ラリー・バードとマジック・ジョンソンを既に抱えていたコンバースにとって、ジョーダンはあくまで〝３番目の選手〟というスタンスを変えなかったのだ。

次に交渉を進めたのは、アディダスだった。それまでずっとアディダスを愛用していたジョーダンが、アディダスと契約したがっていたというのは有名なエピソードだ。

しかし、１９８０年代に入ってからのアディダスは、創設者のアディ・ダスラーが亡くなったばかりで統率を欠いていた上、多額の予算を実績のないルーキーに投資できるほど潤沢な会社ではなくなっていた。

結局、ナイキの提示した条件と熱意がどこよりも勝っていた。契約は5年間で２５０万ドル。その詳細は複雑だったが、シューズが売れるたびにロイヤリティーをジョーダンが受け取ることが含まれており、成功すれば莫大な利益が転がり込む仕組みになっていた。

なおナイキは「エア ジョーダン １」を発売した最初の2ヶ月間で１００万足を販売し、最初の1年だけで1億ドルの売り上げを記録したという。シューズは1足65ドル。さて、ジヨーダンに支払われた報酬はいくらだろうか。

「エア ジョーダン 1」はなぜ人気なのか

最初の発売から30年以上が経った今でも、おそらく最も人気のあるスニーカーの一つである「エア ジョーダン 1」。一人のプレイヤーのためだけに作られたシグネチャーモデルと聞くと、ナイキ側の熱意の強さを感じるが、実際の開発期間は短かった。ナイキがジョーダンと契約を交わしたのは1984年の夏頃。発売は1985年5月予定だったため、プロモーションはシーズン開幕前のプレシーズンから水面下で行うことになった。

契約から開幕までの短い期間、ナイキは急場しのぎとして、既存モデル「エア シップ」に二つの特別カラーを突貫でジョーダンに用意した。黒×赤の組み合わせの一足で開幕前のプレシーズンマッチを終え、開幕してすぐ、白×赤の「エア シップ」をジョーダンに着用させて凌いだのである。

実は「エア ジョーダン 1」は、履き口のウィングマークを除けば、その「エア シップ」からの大きな仕様変更はなく、当時のナイキがしていたオーソドックスなデザインの範疇に収まったシューズだと言える。歴代のモデルで1stだけスウッシュがサイドに施されているのは、その証拠だろう。

履き口にあるウィングマークは、当時のデザイナー、ピーター・ムーアが飛行機の移動中に偶然見かけたパイロットウィング（米陸軍航空軍〔USAAF〕のシャツにつけるピンバッジ）が着想源になっており、これはこれで、アメリカではとても普遍的なモチーフと言える。

しかし、その図らずも王道感を持ち合わせた外観になったことが、「エア ジョーダン 1」が今日までナイキのアイコンであり続けた理由とも言える。

定番とは「シンプル」とイコールであると思われがちだが、その実「基準」であることが求められる。もし初作の時点で既に当時のナイキらしさが欠如した斬新奇抜なデザイン、もしくは無味無臭のものだったら、このシューズの価値はどうなっていただろうか？　1980年代、もしくは1990年代のスニーカーブームを経験し、思い出補正がかけられた中年世代はさておき、現代の若者からも「エア ジョーダン 1」が評価されてい

写真5　ナイキ「エア ジョーダン 1」。著者私物

るのは、シンプルにナイキらしいデザインであるからに相違ない。

ただ、当時における「エア ジョーダン 1」の斬新さは、デザイン以上にカラーリングにあった。

　1980年代は、まだ流通規制が今に比べて随分とゆるかったこともあり、個人的な別注や、地域限定のカラーなど、アンオフィシャルなモデルが多かった。そのため「エア ジョーダン 1」についても、当初用意されたカラーリングの数が今もはっきりとしておらず、ジョーダンの背番号にちなんだ23種が存在した、などともまことしやかに言われている。ともあれ当時、ナイキはサポート契約しているチームのカラーをシューズに反映させるという戦略を取っていた中で「エアジョーダン 1」は特別な扱いを受けていた。

　なおナイキには「エア ジョーダン 1」と同じ年に生まれた名作とよばれるシューズが複数存在する。その一つがソールにエアを搭載しない廉価版バスケットシューズ、「ダンク」である。

　NCAA（全米大学体育協会）バスケットボールの世界には「マーチ・マッドネス（3月の狂気）」という有名な言葉が存在する。これはシーズンを締め括る3月の決勝トーナメントのことを指すが、それこそ日本のウィンターカップや甲子園、箱根駅伝などとは比較にならないほどの盛り上がりを見せ、チケット、グッズ、放映権などを通じて巨大な経済効果を生み出している。

その熱狂を目の当たりにしたナイキ社員が、異様とも言えるファンの地元愛にビジネスの勝機を感じ、発売に至ったとされるのが「ダンク」だった。ナイキは有望な名門8大学のチームカラーで彩られた「ダンク」を地域ごとに展開。「母校に忠誠を尽くせ」という広告スローガンとともに、それぞれの地域に根付いたファンを囲い込む戦略をとった。おそらく「エア ジョーダン 1」の多色展開は「ダンク」の戦略をベースにしていたと思われる。

「エア ジョーダン 1」は本当にNBAのルールに抵触したのか

最も有名な黒×赤、通称〝ブレッド〟と呼ばれる「エア ジョーダン 1」のカラーは、NBAの「ユニフォームの統一性に関する規約」に抵触していた。そのためジョーダンは度重なる着用禁止令にもかかわらず、ナイキが罰金を肩代わりして履き続けた、というエピソードが有名だが、これは美談でも何でもなく、アーバン・フォークロア（都市伝説）の類だと著者は考えている。

そもそもだが、先ほど記した通りで、ジョーダンが「エア ジョーダン 1」を履いたのは、開幕の少し後になる。そしてプレシーズンマッチの時点で黒×赤の「エア シップ」を履いたジョーダンを見たＮＢＡは、白を基調にしたシューズを履くチームメイトに比べ、彼だけが目立っていることを快く思わなかった。バスケットボールとはチームスポーツで、選手の足元もある程度統一されるべき、と理解されていたからだ。

そこでＮＢＡは「ジョーダンが再び黒×赤を着用した場合は１０００ドルの罰金を科す」とブルズに申し伝え、「約束を守らなかった場合は５０００ドルに増やす」と勧告した。そのためナイキはその規制をクリアする代替案を用意することを余儀なくされ、白ベースの「エア ジョーダン 1」、〝シカゴ〟を急造した。

写真6　NBA のスター、マイケル・ジョーダン。1997年 3 月 1 日撮影（読売新聞社提供）

そのため、実際にルーキーシーズンでジョーダンが着用したのは〝シカゴ〟か、白ベースに黒と赤が差し色になった通称〝つま黒〟だった。

そしてジョーダンが確実に黒×赤の

「エアジョーダン１」を履いてプレイしたのは、１９８５年2月9日に開催されたオールスター・ウィークエンドとなる。

ちなみにオールスターでは、レギュラーシーズンに適用されるルールが義務付けられていない。そのため、スラムダンクコンテストなどのイベントに出場する選手たちは、思い思いのコスチュームに身を包み、客を沸かせてきた。このお祭りルールを知った上で、代理人のデビッド・フォークは禁じられたバッシュと、チームジャージーではないナイキのウォームアップ・スーツ、さらに金のネックレスを首から下げたジョーダンを、コンテストへとエントリーさせたのである。

しかし、その衣装を生意気と見なしたベテラン出場選手たちは、翌日の試合で、手厳しい制裁をジョーダンに科す。ジョーダンは相手からラフなディフェンスを受け、味方からもパスを回してもらえなかったのだ。この出来事をメディアは「フリーズアウト事件」と報道した。図らずもプロモーション戦略の被害者となったジョーダンは「キャリアの中で一番傷ついた出来事だった」と振り返っている。

日本では評価されなかった初期エアジョーダン

1980年代の日本のバスケットボールシューズと言えば、アッパーはクラリーノと呼ばれる合成皮革が主流で、色は基本的に白と、没個性なハイカットばかり。保守的な国民性は奇抜なデザインをなかなか認めない風潮があり、シューズを購入する基準はプレイスタイルと機能とのマッチングでしかなかった。

アメリカで多色展開された「エア ジョーダン 1」について、日本でもメインの黒×赤が発売されたものの、その他のカラーは厳選され、白にメタリックブルーやメタリックレッドといった、比較的地味な組み合わせのものが中心に選ばれた。しかも1985年の日本の為替市場は1ドル＝約200円。定価が1万5000円と高額だったことも影響し（アメリカでは65ドル）、セールにかけても在庫が余るほど当初のセールスは低調だったとされる。

ジョーダンシリーズは日本人に受け入れられないと判断したナイキジャパンは、1987年に発売された「エア ジョーダン 2」、1988年の「エア ジョーダン 3」、そして1989年の「エア ジョーダン 4」まで日本での正規発売を見送る。そしてこの判断が、結果的に日本における後のヴィンテージブームに伏線を敷いたことになった。

そして11月2日、NBAは「シカゴ・ブルズの3連覇」という、誰も予想しなかった偉大なストーリーの初年となる1990—1991シーズンの開幕戦を、初めて日本で開催する。

バブル景気に沸いていた当時の日本の活況を、ＮＢＡは見逃さなかった。

プレイヤーの薬物乱用によって生まれていた負のイメージを払拭し、リーグの財政難を再建することを約束に、デイビッド・スターンが第4代コミッショナーに就任したのが１９８４年。彼は海外戦略を本格的に実行し、国外にも、次々とＮＢＡのオフィスを開設した。特に「東京23区の地価を合わせればアメリカ全土が買える」という驚きのデータを弾き出し、小さな島国ながら世界随一の経済大国に成長した日本のマーケットを重要視した。

この時期、ＮＨＫの衛星第二放送でＮＢＡのレギュラーシーズンが少しずつ放映されるようになり、それまで日本人にとって、深夜枠の録画放送しかなかったゲームが日常的に見られるようになった。１９８９年10月には『月刊バスケットボール』から独立し、ＮＢＡを専門に扱う『HOOP』（いずれも日本文化出版）が創刊されるなど、バスケットの裾野の広がりを、多くの人が体感していた。

インターネットが浸透する前、誰もがまだ情報に飢えていた時代、マイケル・ジョーダンが〝神様〟というニックネームにふさわしい活躍を見せ、ＮＢＡ人気を牽引し始める。そしてその人気が一気に上昇していく中、彼のシグネチャーシリーズである「エア ジョーダン」は5作目が発売されようとしていた。

「エア ジョーダン 5」日本発売

1990年からシカゴ・ブルズの快進撃が始まると、その中心選手のジョーダンが、NBAの主人公であると世間も認識するようになり、その周囲は異常な盛り上がりを見せる。全米に流れるコマーシャルは、音楽やファッションといったバスケットボール以外の分野からもジョーダン人気を押し上げた。アスリートのためのバスケットボールシューズはいつしかコートを出て、新たな付加価値を生み出すようになり、俗物の対象にもなっていった。

不良少年や貧困層の子どもたちもジョーダンに憧れを抱くようになると、彼らはシューズを手に入れるための手段を選ばなかった。ブルズのお膝元であるシカゴでは、1ヶ月間にウエアで50件、シューズで10件もの強奪や殺人事件が報告され、社会問題にまで発展した。大金が飛び交う人気シューズの転売は、ドラッグの資金源になっていると新聞で報じられ、スポーツシューズのあるべき姿について物議を醸すようになる。

そして日本では、セールスが低調だった「エア ジョーダン 1」も、その細身でシャープなフォルムがリーバイスのジーンズに合うなど、ファッション界から再発見された。視認性の高い派手色のランニングシューズが、当時のヴィンテージファッションのトレンドだったことも影響し、カラフルな多色展開もフィット。シリーズの中で唯一、スウッシュが大きく施されたそのデザインも特別感を高め、シリーズの中でワンランク上の存在として君臨することになる。

こうした状況下、日本でのNBA人気の浸透とジョーダンの影響力を感知したナイキジャパンは、あらためて「エア ジョーダン 5」の正規展開に乗り出す。

取り扱いのほとんどはバスケットシューズを扱うスポーツ店で、今のような行列や即日完売といった現象もなく、店頭にある一定の期間は置かれ、セールスはまずまずといったところ。むしろ日本で爆発的にヒットしたのは1991年の「エア ジョーダン 6」だった。

戦闘機をモチーフに掲げた5から一転して、スピード感を重視した流麗なデザインは、素足感覚を求めたジョーダンの愛車、ポルシェ911から着想を得たとされる。ヒールのタブはリアスポイラーを想起させ、半透明のアウトソールも疾走感に一役買っている。

なおジョーダンはこのモデルを履いてブルズをファイナル初制覇に導いたため、人々は王者の象徴として、シューズまで崇めるようになる。また後述するが、バスケットボール漫画『SLAM DUNK』（井上雄彦著、集英社）で主人公の桜木花道が着用したシューズということもあり、「エア ジョーダン 6」の争奪戦が日本全国で巻き起こる。

さらに、6がステータスになれば、今度はそれより前のモデルに価値を見出すのが日本人の面白いところ。特にナイキジャパンが見切ったはずの2、3、4は入手困難なモデルとなり、価格は瞬く間に高騰した。

景気とテクノロジーの関係

1980年代にテレビや映画業界が発展し、メディアによる娯楽を世間が楽しむようになると同時に、シューズを宣伝する場面も増えた。テレビコマーシャルの中だけにとどまらず、映画やドラマの劇中でも商品を登場させ、イメージを高める「プロダクト・プレイスメント」の機会も急速に増加。そしてこの手法が多用されるようになり、スポーツメーカーがエンタテインメント、特に脚本や音楽、個々のキャラクターと結びついたことで、新しいカルチャーが生み出されることになる。

たとえば1980年代後半、アメリカではスティーブン・スピルバーグやジョージ・ルーカスら映画監督が一線で活躍するようになると、壮大な予算をかけたSFやファンタジー映画の名作が多く生まれ、世の中は作品の世界に強い憧れを抱くようになっていた。

1985年公開の『バック・トゥ・ザ・フューチャー』(ロバート・ゼメキス監督)はその

象徴的な映画だ。

劇中では、主人公のマーティが履いたナイキの「ブルイン」を「ニケ」といじられるシーンが登場する。続編『バック・トゥ・ザ・フューチャーPART2』（ロバート・ゼメキス監督）では、足を入れるとフィット装置が作動し、靴紐を結ばずとも足に自動でフィットする「ナイキ マグ」が登場。大いに話題となった。

ポップ・カルチャーが全盛を迎えたこの時期は、バブルの幕開けを迎えた日本だけでなく、多くの国の景気が上向いていた。そのためスポーツメーカーもアイテムの開発に巨額の投資を始め、メディアを通じて発信するため派手なカラーリングやデコラティブなデザインが潜在的に求められるようになった。

そしてプロアスリートだけでなくアマチュアアスリートや一般人までが自分たちのスタイルを楽しみ、機能を体感したくなるような時代が到来したことで、スポーツメーカーに急成長のチャンスが訪れたのである。

進化するランニングシューズ

1970年代のスニーカーで進化したのが「素材」なら、1980年代は「機能」が著しく進化した時代だった。

この変化にうまく乗ったのが、ナイキとリーボックだった。アディダスやプーマといった欧州のブランドが、職人気質なプロダクト開発を進める一方、アメリカの2社（リーボックは厳密にはイギリスの会社）は、広い国土や娯楽好きな国民性を背景に、エンタテインメント性の強いマーケティングを強化していく。

アポロ計画において、宇宙飛行士のヘルメットを製造するための技法を応用したアイデアを、NASAの技術士で、生前に250以上もの特許を保有していた発明家、フランク・ルディがナイキに持ち込んだのは、1977年のこと。最初はアディダスと交渉したが、あっさりと断られ、数十社を経てナイキの門を叩いたとされる。

商品化までの課題は多かったが、日課としてランニングを欠かさないナイキの設立者、フィル・ナイトが試作品を気に入り、開発がスタート。携わった社員の一人、ロン・ネルソンが後に語った「橋から飛び降りて着地する時に、エアのクッションの上に落ちるのと、水に直接落ちるのではどっちがいいかは一目瞭然」という言葉を共通認識として持った社員たちの情熱は、1978年に「テイルウィンド」という画期的なランニングシューズを生み出す。

理想は剥き出しのエアソールを作ることだったが、当時の技術ではそこまでの道は遠く、

写真７　ナイキ「テイルウィンド」。著者私物

空気を充塡したカプセルをミッドソールに入れ込むというアイデアに辿り着いた。これによりガスが外部に漏れることなく、やわらかいクッション性をキープできる。その効果が持続することで、一歩ごとに使う筋肉のエネルギーを節約できるのがメリットだった。

この頃、メーカーのターゲットも、シューズでどれだけタイムを縮められるかを競う一握りのスポーツエリートから、ライフスタイルとしてスポーツを楽しむすべてのアスリートに広がっていた。こと陸上においては競技会に参加するアスリートだけでなく、一般ランナーのパフォーマンスを高め、足を怪我から守るクッショニングの必要性が高まった。速さだけではなく、ゆっくりと長く、健康的な走りを支える。それがメーカーの開発課題となっていく。

そんな世の流れを強く感じていたナイキだが、生活必需品となったランニングシューズにも刺激が必要と信じて疑わなかった。その結果、ソールの中に隠れていたエアユニットを肥大化させ、サイドのウィンドウから覗かせた「ビジブルエア」を開発。この窓の目的は、着地の衝撃で変形したユニットの逃げ道にすることだけでなく、機能を視覚化し、ユーザーの関心を摑むことにもあった。

「エア フォース1」も初期の「エア ジョーダン」も、エアは重要なキーワードで、機能として不可欠だったが、その正体を拝むことはできなかった。そこから「エア マックス 1」の登場を経て、「ビジブルエア」の一足を手にしたユーザーは「自分のシューズにはエアが入っている」という満足度を高められたのである。

この革命的なシューズのデザイナーは、1981年にナイキに入社した後、シューズ担当に任命されたティンカー・ハットフィールド。彼は後のナイキの名作の数々を担った伝説的デザイナーである。

建築家という異色の経歴を持つティンカーは、レンゾ・ピアノとリチャード・ロジャースの設計によるパリの建造物、ポンピドゥーセンターを見た時、剝き出しの内部構造をシューズに生かすことを思いつく。そうして白と赤の配色美と、エアを露わにした刺激的な外観を持つ「エア マックス 1」が誕生した。

各社のエア研究

リーボックは、1980年代前半にアメリカで沸いたエアロビクス&フィットネスブームに乗り、知名度を高めた。「フリースタイル」や「ワークアウト」など、衣料品に用いられるやわらかなガーメントレザーをアッパーに使い、そのフィット感と履きやすさで女性市場を獲得。1980年代後半になると、その売り上げはナイキを追い抜き、全米のトップに躍り出た。

アッパーの技術革新を進めていたリーボックは、1989年にポンプシステムを開発。これはスキーやリハビリ靴、自動車のエアバッグなどあらゆる分野の技術を応用したもの。アッパーに内蔵された空気を蓄えるチャンバーという部屋に、手動で圧縮炭酸ガスを送り込み、個々に最適なフィットをカスタムできるというテクノロジーだった。

ジャンプや激しい横の動きに対して効果が高いことから、まずはバスケットボールやテニスシューズに搭載された。前者の「ザ・ポンプ」を皮切りに、「ポンプ オムニ ゾーン」などを矢継ぎ早にリリース。NBAボストン・セルティックスのディー・ブラウンが、オールスターのスラムダンクコンテスト時にポンピングする姿が頻繁にクローズアップされ、人気に火がついたのは有名なエピソードだ。

1985年からシューズを手がけた新参メーカー、L.A.ギアは、女性を美しくするためのフットウェアという斬新なコンセプトを掲げ、わずか5年で全米3位のシューズメーカーに上り詰めたという異端児だ。その勢いで、マイケル・ジャクソンやポーラ・アブドゥルといった大物アーティストと契約を交わし、音楽やダンスといったアメリカのメジャーシーンと密接に結びつく。

バスケットボールでは「メイルマン」との異名を持つ、堅実でパワフルなフォワード、ユタ・ジャズのカール・マローンが広告塔になった。

当時、彼のシグネチャーモデルとされた「カタパルト」には、最先端の機能が凝縮されていた。ヒールにはカーボンファイバー製のバネを搭載。衝撃を素早く吸収し、分散した。さらにその下部にはカタセイン・ブッシングと呼ばれる丸い突起が内蔵され、衝撃による荷重でブッシングを圧縮すると、元に戻ろうとする力がプレイヤーの能力に加わるというユニークなテクノロジーを組み込んだ。

またアッパーにはレギュレーター・システムを採用している。これはシュータンに装備されたコンプレッサー・ボタンを押すことによって空気室にエアが送り込まれ、足をしっかりサポートするものだが、ソールの原理はナイキ エアのコピー且つ、アッパーの原理はリーボックのポンプシステムとまるで同じ。二番煎じ感が否めない仕様でもある。

そのためか、次第にL.A.ギアはテクノロジー面で独自性を欠き、「スポーツブランドというよりファッションブランド」という烙印を押され、程なくして停滞してしまった。

コンバースは、1992年にリアクト・システムを開発。これは液体の流れを活用する流体力学を用いた高度な仕組みで、車のショック・アブソーバーと同じ原理を用いたものだった。

具体的には、人間工学に基づいて設計された二つのユニットをシューズ内にセッティングし、粘度の高い液体と圧縮ガスを混合して注入。一つはアッパー後部のアンクル部分、もう一つはミッドソールのヒール部分に配置され、液体を混ぜることで形状が自由に変形する。ユーザーが手を加えずとも足の形に応じたカスタムフィットが実現されるこの仕組みは、チューブ状に成形した合成樹脂が着地の衝撃を反発力に変換するリーボックのエナジーリターンシステムに共通点を見出せるものである。

さらにプーマは1991年にディスクシステムを発表。円形のパーツを回すとアッパー中に張り巡らされたワイヤが連動し、フィットの調整を可能にした。ポンプにディスクという視覚的に目立つ機能を搭載したことで、ナイキらに勝るとも劣らないインパクトが生まれ、スニーカーのハイテク人気を後押しした。

エアとフィットの関係

本来、ナイキにとってのエアとは、バスケットマンがより高く飛ぶための、ランナーに快適な履き心地をもたらすためのテクノロジーだった。実際、この2方向のアプローチで地位を高めた一方、リーボックはポンプシステムでエアをフィットのために用い、確固たる地位を築いた。

ナイキがフィットの概念を更新したのは、「エア マックス 1」の4年後となる1991年に誕生した「エア ハラチ」だった。

インスピレーション源は、ヒッピーやサーフ文化の足元で愛された、アメリカのユースカルチャーの象徴でもあるメキシコの民族衣装の「ワラチ」とされる。「ワラチ」と呼ばれるサンダルは、甲部からヒールまでが一体化しており、その仕組みを応用した、いわゆるブーティー構造が「エア ハラチ」の根幹となっている。

加えて水上スキーで着用するネオプレン製ブーツにもヒントを得、それまで「足を固定する上での心臓部」とまで言われたヒールカウンターを排除することに成功。窮屈ではなく快適に、それでいて足にぴたりとフィットする新感覚のランニングシューズを発明した。

このシューズをデザインしたのも、「エア マックス」と同様、ティンカー・ハットフィールドだった。

彼は2015年に受けたとあるインタビューで、「理想のスニーカーとは」という質問に対し、「単に屈曲して軽いだけでなく、存在感を感じさせないようなスニーカー作りをゴールにしています。たとえばスポーツしている時は反発性があり、ストリートで友達と履いている時はリラックスしたフィットになるように、行動に合わせて自動的にフィッティングが変わるシューズ」と答えている。今からおよそ30年前に発売された「ハラチ」だが、その時点でそうした思想を見事に体現しており、高い評価を得続けている。

ナイキにおけるフィットの歴史を辿ると、初めての革命は交通事故で命を落としたナイキ初の契約ランナー、スティーブ・プリフォンテーンのために1976年、作られた「プリモントリール」にまで遡る。

これは通常、トゥガードと呼ばれる補強が施されるつま先に、縫い目や継ぎ目のないボックス構造を取り入れた一足だ。激しい気性と破天荒な行動とは裏腹に、シューズには人一倍神経質だったとされるプリフォンテーンのリクエストに応えたデザインだった。その構造は後に、シューレースの鳩目をジグザグに配置し、靴紐を結んだ際のアッパーの包み込みの「遊び」をなくした「バミューダ」へ継承される。

1986年には、サポート付きのソックスにEVAのフォーム素材とベルトを付けた、靴紐を使わない「ソック レーサー」がリリースされ、DNAが更新された。

「ソック レーサー」は「エア フォース 1」をデザインしたブルース・キルゴアがデザインを担当。従来のランニングシューズの概念を大きく変えたルックスに、ランニング業界は怪訝な目を向けるも、これを履いたノルウェー出身の女性ランナー、イングリッド・クリスチャンセンがボストンマラソンで優勝し、関係者を驚かせることになる。

そこから改良を重ねて完成したのが「エア ハラチ」であり、それはフィット史の大きな節目で、その後のナイキの設計思想の要となる一足でもあった。ハラチシステムは1992年からランニングシューズだけでなく、バスケットボールやテニス、クロスカテゴリー、そしてアウトドアと様々なフィールド用のシューズに採用されていくことになる。

「エア マックス」の進化

ビジブルエアを搭載した「エア マックス 1」を1987年にリリースして以来、ナイキは「エア ジョーダン」と同じように年1ペースで「エア マックス」の新作を発表、シリーズを拡充していく。「エア ジョーダン」シリーズと並行して手がけていたティンカー・ハットフィールドのオフェンシブなデザインも脂が乗り、既存の価値観を覆す新作は徐々に注目されるようになった。

とはいえ、その視線はまだ実利を重んじるランナーに向けたものがほとんどで、ファッション界から歓迎されるのはもう少し先のこととなる。1980年代後半までの「エア マックス」は、あくまでその魅力を機能面で訴求した存在だった。

新作ごとに搭載されるエアのボリュームは増え、エアを見せる面積は広がっていく。1990年に発売された3代目「エア マックス」では90度のビジブルエア、翌年の「エア 180」は、モデル名の通り180度までエア部分を拡大。馬蹄にヒントを得て、ヒールを囲んだ新しいエア バッグを開発して初めてウレタン製のアウトソールを採用、裏側からもエアを露出させることに成功した。

この「エア 180」は各国の気鋭アーティストと手を組み、コマーシャル映像やポスターグラフィックを制作するなど派手な演出を試みている。なお日本ではデザイナーの石岡瑛子が担当した。ただしアーティストとのコラボレーションは、非常に前衛的な発想のものではあったが、それだけでストリートとの接点が生まれることはなかった。

1993年の「エアマックス」はさらに進化を遂げ、ブローモールドエアという成形技術を用いることで、ビジブルエアを270度まで拡大。それによりエアを覆う補強材が少なくなり、見た目のインパクトもアップ。これは、牛乳を注いだりする際に使うミルクジャグの持ち手がインスピレーション源になったとも言われている。

ティンカー・ハットフィールドの作品群が異彩を放っていたのには、元建築家のプロダクトデザイナーという異色の経歴であることも寄与しているだろう。「エアマックス 1」はポンピドゥーセンターにインスパイアされたものと既に記したが、「エアマックス 90」は、スピード感のあるイタリア車のデザインを応用したものとされる。

エアジョーダンシリーズについては、ジョーダンと密なコミュニケーションを重ねてデザインをしてきた。ジョーダンと関連する「バスケットボール以外」の要素を巧みに取り入れることでパーソナリティーを表現し、他モデルとの差別化を図っている。

ナイキエアにとって、大きなターニングポイントとなったのが1994年だ。それまで進めてきた「エアの容量を増やすことで進化させる」というストーリーを一旦ストップし、「ガス圧を変えることでクッション性を高める」新しいアイデアを具現化した。

ヒールに搭載されたエア ユニットを四つのチャンバー（気室）に独立させて、両サイドのチャンバーを5気圧に、さらに中央部の二つのチャンバーは、その5倍の25気圧に設定。この工夫により、クッション性と安定性が大幅に向上した。この仕組みはマルチチャンバーエアと呼ばれ、重厚な「エア マックス スクエア」から軽量性を高めた「エア マックス スクエア ライト」まで幅広く採用された。ビジュアル面での迫力は「エア マックス 93」が貢献し、ランニングシューズ界では大きな進化として扱われた。

アディダスの本質回帰

話は少し前に戻るが、音楽や映画、ファッションなど文化面が急速に発展した1980年代後半は、SF人気も相まってテクノロジーとカルチャーの融合が急進した。世の中が活気にあふれたことで、デザインの派手さが一層増し、ロボットのようなハイカットのバスケットシューズがトレンドになった。そんな装飾が求められた時代に、ストップをかけようとしたのがアディダスである。

1980年代のアディダスは、ヒップホップカルチャーとの邂逅によりアメリカや日本でのブランドイメージを高めたものの、創業以来、〝プライド〟として掲げてきた職人的イメージを、自国ドイツを含む欧州以外でうまく生かしきれていなかった。

頑（かたく）なにスポーツを愛する社風が、特にアメリカ文化を愛するような人の足には合わなかったのか、いずれにせよ、１９８０年代におけるユーザーの所有欲は実用性だけで満たすことはできず、空想やイメージを作り上げるマーケティングが必要とされ始めていたのは間違いない。

それでも、オリンピックやアスリートを単純に「巨大なマーケット」と見なすほかのメーカーとは違い、ユーザーと誠実に接していたアディダス。実際、その彼らが１９８８年に発表したテクノロジーは信頼を置くことができるものだった。安全性と品質、この二つの追求から生まれたのがトルションシステムである。

エアを武器に革命を起こしていくナイキやリーボックのシューズを横目に、アディダスは「素足の感覚に最も近い」履き心地を目指していた。その実現に向け、アディダスではチューリッヒ工科大学の医学者やバイオメカニズムの専門家によるチームが組まれ、「足の自由」をテーマとした研究を行った。これはある意味、医療業界向けに治療やリハビリに適したシューズを納入してきた成果を「怪我をしない」という姿勢に転換し、一般向けのシューズに応用した流れと言える。

ここで言う「足の自由」とはつまり、運動における「足の解放」である。その核は、前足とかかと部分の動きを独立させ、前足部分の回転を可能にすることにある。

これは人間のパーツを分解して考えるような西洋的な発想と異なり、足の裏には人間のパーツが相互作用し合うツボがある、といった東洋的な発想に目を向けたロジックだ。足という集積回路を、シンプルかつ明快に捉えたのである。

この「足のねじれ＝トルション」というコンセプトは、自動車業界では既に「最後にして最大の発明」とも言われ、アディダスと同じドイツの自動車メーカー、ポルシェが実用化していた。いわゆる独立懸架サスペンションシステムのことである。

左右の車輪を独立して上下させると、路面の凹凸に対する追従性が高まるというこの仕組みは、ポルシェ９１１などの足回りに採用されている。ドイツ車が世界をリードしていた当時、アディダスでトルションシステムが生まれたことは、偶然ではないだろう。トルションシステムは、ランニングシューズに始まり、テニスシューズやバスケットボールシューズなどに搭載されていった。

アディダス エキップメントとトレフォイルの分立

この頃のアディダスは、もう一つのチャンスに恵まれる。

マイケル・ジョーダンと契約を取り交わし、「エア ジョーダン」の開発に尽力してきたナイキのマーケッター、ロブ・ストラッサーとデザイナー、ピーター・ムーアの二人が、会社との間に軋轢を起こして1987年に退社。マーケティング・カンパニーであるスポーツ・インコーポレイテッド社を設立していた。

そして一時はジョーダンを引き抜くとの噂まで出回ったその強力なマーケティング・カンパニーをアディダスが買収する。1990年代は、虚像より本質が問われる時代になると信じて疑わなかった二人がナイキから外れて経営陣に加わったことで、パフォーマンスをシンプルに追求しながらも、クールなイメージを植え付けようというアディダス エキップメントが1990年にスタート。象徴のスリーストライプスを右に向かって伸ばした新しいBOS（バッジ・オブ・スポーツ）ロゴを新たに制作した。

1972年の誕生以来、カンパニーロゴとして使用し続けてきた、月桂樹の冠がモチーフのトレフォイルロゴは、復刻を中心としたクラシックモデルにそのまま使い、同社の最高峰の機能を施したエキップメントシリーズには、BOSロゴをあてがう方針とした。2種のロゴの併用により、過去を大事にしながら、新しい未来に向かう姿勢を示したのである。

イギリス・ロンドンでも1980年代からアディダスの人気は高かった。それが1990年代前半から急速に発展したアート、音楽、ファッションを包括した多彩なミックスカルチャーに便乗し、一層の地位を得ることになる。

たとえばニルヴァーナらも色濃く影響を受けた1980年代のパンク・ロック、グラム・ロックをルーツに誕生したブリット・ポップのムーブメント。その中心にいたブラーとオアシスの対立関係はタブロイド化していたが、その構造をアディダスはファッションの視点から盛り上げた。ライバル関係にあるのに、両者は共通してアディダスの「ガッツレー」を履いていたのである。

写真8　Beastie Boys『CHECK YOUR HEAD REMASTERED EDITION』(ユニバーサル ミュージック)

また1992年頃、アディダスの誇る名品、スウェード製トレーニングシューズ「キャンパス」がアメリカで大ヒット。これについては、レーベルからの脱退を機に、東海岸のニューヨークから西海岸のロサンゼルスに活動拠点を移した新生ビースティ・ボーイズの影響が大きい。彼らは、その地域性に倣うようにラフなスケーターファッションに変わりながらも、足元では変わらずレトロなアディダスを愛し続けた。

再出発の意思を表明したかのような1992年リリースのアルバム『CHECK YOUR HEAD』(Grand Royal)では、歌詞もサウンドも一新。そんなフレッシュな彼らが足元に選んだ「キャンパス」は、時代の象徴となった。

このようにして、またもやアディダスは自分たちが意図していないフィールドで、思わぬ人気を獲得することになる。特にトレフォイル人気は、アディダスにとってまさに瓢簞から駒だったのかもしれない。

『SLAM DUNK』とバルセロナ・オリンピック

ここで日本に目を戻せば、1980年代後半より各メーカーがテクノロジー主体の派手な演出をメディアに打ち始めたことで、アメリカ同様、国内のスニーカー人気は加速し始めていた。その最中である1990年、『週刊少年ジャンプ』(集英社)にて『SLAM DUNK』(井上雄彦著、集英社)の連載が始まる。

『SLAM DUNK』についての細かい説明は不要だろう。若者にとってリアリティーのある

写真9　『SLAM DUNK 新装再編版 20』（井上雄彦著、集英社）

高校バスケットボールを舞台に、主人公の桜木花道を中心とした湘北高校バスケット部員の成長や、ライバルたちとの交流を描いた青春スポーツ漫画だ。

登場するキャラクター設定が実に巧妙だった。

実在するＮＢＡプレイヤーの特徴やプレイスタイルが落とし込まれていた上、それぞれの着用するシューズがリアルに描かれ、かつパーソナリティーまで表現していたことで、フィクションとは思えないほどの現実味が付与されていた。また県大会１回戦負けが常だった弱小高校が、インターハイまで出場するという成長型ストーリーは、シカゴ・ブルズの快進撃と重ねて見ることもできた。

ＮＢＡと『SLAM DUNK』人気がクロスオーバーすると、それは相乗効果をもたらし、日本のバスケットボール人気はこの時期沸騰。その最中の１９９２年に、スペイン・バルセロナでオリンピックが開幕することになる。世界随一のバスケットボール大国とされるアメリカ。バスケットボールが1936年のオリンピックで正式種目となって以来、アメリカの男子チームが表彰台の真ん中に立ったのは、実に19大会中15回を数える。

そう記すと「向かうところ敵なし」といった状況に思えるが、1988年の韓国・ソウル五輪において、アメリカはソ連に準決勝で敗北。1990年の世界選手権、1991年のパンアメリカン大会などは3位に終わっており、当時は国民の大きな溜息とバッシングを買い、大国の名声は崩れつつあった。

しかしこれらの成果は大学生中心のチームによるものだったため、FIBA（国際バスケットボール連盟）はプロ選手に五輪への参加資格を与えるべきと委員長が発表。圧倒的多数で可決する。こうした動きに対してアメリカ自体は反対票を投じるも、結果は変わらず。1991年10月、NBAの現役スター選手を揃えたメンバーを発表する。

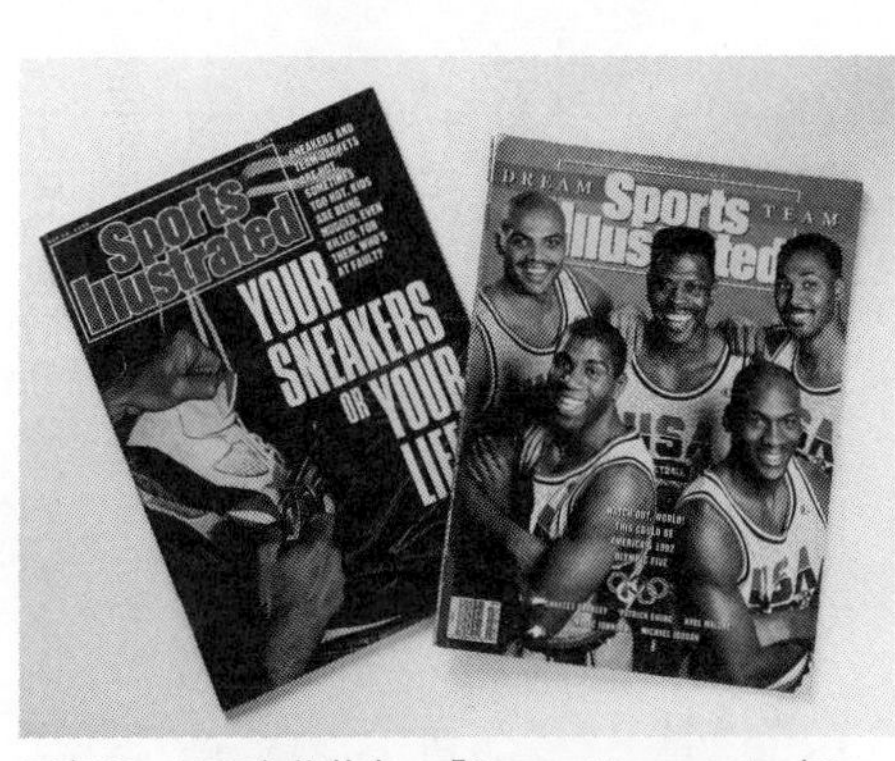

写真10　1990年代前半の『Sports Illustrated』（Time Warner Inc.）。エア ジョーダン強奪事件を報じた号も。著者私物

王国の威信をかけたチームは「ドリームチーム」との愛称で呼ばれた（名付け親は『Sports Illustrated』〔Time Warner Inc.〕）。

NBAはその頃、全世界90ヶ国に放映権を持つなど、国際戦略を推し進めていたが、オリンピックへの出場はリーグの発揚にまたとないチャンスだった。

日本でも多くのメディアがこのビッグニュースを取り上げ、USAのフラッグカラーに彩られた12選手のオリンピック専用モデルが、スポーツ店の棚にずらりと並んだ様子はまさに圧巻だった。こうして日本のバスケットボール人気はいよいよ絶頂を迎えた。

ストリートバスケットがもたらしたもの

同じ頃、バスケットボールの爆発的な人気は、屋内スポーツというジャンルでは収まらず、屋外で行うストリートバスケットの隆盛に繋がっていく。そして、部活動に所属する学生など、限られた人を対象にしていたバスケットボールの門戸が大きく開くことになる。

ストリートバスケットのルーツは、黒人のキッズたちがラッパーを真似たファッションを身にまとい、公園で楽しむアメリカの日常的な光景にあった。それがスリーオンスリーというスポーツに発展していったのである。

少人数の仲間、それとボールとゴールさえあれば、どこでも誰でも楽しめる。そうした遊びから生まれたスポーツは、バッシュの存在意義をよりカジュアルなものへと変えていった。汚れの目立たない黒ベースのアッパーやソールも増え、体育館ではない固いコンクリート上でのストップ&ジャンプを想定した、ストラップやトラクション性能を高めたソールが機能に加わるなど、ストリートにマッチした要素がシューズに備わっていった。また、逆にそれまで白が主流だった室内のバスケットボールに影響が出始め、NBAだけでなく、日本の部活動でも黒ベースのバッシュ着用率が急速に高まることになる。

そうしたアウトドアマーケットの開拓に、リーボックは早い段階から乗り出していた。ストリートバスケットに莫大な予算を投じ、オフコート専用の「ブラックトップ」コレクションを発表。これは名前の通り黒を基本色としたことで、バスケットマン以外にも人気を博した。またリーボックは自ら、ストリートバスケットの大会を日本各地で主催し、そのイメージを植え付けることに注力した。さらにNBA屈指のビッグマンで、マイケル・ジョーダン世代のスター、パトリック・ユーイング自身が手がけるユーイング アスレチックス、またフィラなどもストリートバスケへの参入に積極的な姿勢を見せた。

ナイキは1992年、アウトドア専用のバスケットシューズ「エア レイド」を発売し、大々的に宣伝した。テーピングから着想を得たクロスストラップがそのアイコンで、ヒールとソールには「FOR OUTDOOR USE ONLY」の文字が施された、スニーカーの歴史でも傑作とされる一足だ。

この思想は1993年リリースの「エア ジョーダン 8」に転用されるが、さらにその翌年の「エア ジョーダン 9」には、初めて黒ソールが採用されるなど、アウトドア寄りの姿勢も見られている。

アウトドアとバスケットという二つの潮流は、バブル経済とともに全盛を迎えたクラブ文化がもたらしたダンスブームにもリンクしていくが、とにかく1990年代前半はマーケットが混沌とし、あらゆるジャンルがクロスオーバーしながら、新たなフィールドへと収斂していった。

こうした大きな流れを一部のスニーカー好きの若者たちは直感で汲み取っていた。彼らの特徴は、渋カジを通過したことで日本独自のミックス感度が養われていたことにある。

実際、彼らを中心に、全体としてはまだマイノリティーでも、古着に古いスニーカーを合わせるヴィンテージ系と、アメリカをお手本に自分たちのミックス感覚を楽しむアウトドア系という2大スタイルが確立される。この頃からスニーカーがファッション感覚で積極的に取り入れられるようになった。

アウトドアブームとスニーカー

バスケットシューズに比べ、ランニングシューズはファッションと結びつけにくいジャンルだったかもしれない。「エア　ジョーダン」と同じように、毎年新型が登場していた「エアマックス」も、あくまでランナーのためのもの。しかも競技レースでアスリートが着用することはないという、ジョギング用の高機能シューズだった。

しかし１９９４年頃から、アメリカへ飛び立った並行輸入の日本人バイヤーたちが現行のランニングシューズにも目をつけて買い付けるようになると、最新のバスケットボールシューズとランニングシューズは、ひとまとめに「ハイテクスニーカー」として扱われるようになった。また、同時に「ヴィンテージスニーカー」とも明確に区別されるようになり、スニーカーマーケットは整理されていく。

そしてこの頃、日本ではアウトドアブームが起こり始めていた。先述したストリートの流れに加えてバブル経済が終焉したことで、人々は必要以上に労働するのを忌避し、豊かな生活とは何か、を追い求めていく。その結果、レジャー産業が成長し、自然回帰志向も高まった。

ナイキはそうした世の中の流れを鋭敏に捉え、1991年にACG（オール・コンディションズ・ギア）を新カテゴリとして本格的にスタート。自然やアウトドアを連想させる斬新なカラーリングが話題になった。

デビューモデルとなった「エア モワブ」はアメリカ最大のアウトドア聖地、モワブから拝借したネーミングだ。「エア ユタ」や「エア アゾーナ」「エア ワイオミン」はそれぞれユタ州、アリゾナ州、ワイオミング州がネタ元で、スペルのみ変えている。

およそ30年ぶりに2020年に復刻された傑作サンダル「エア デシューツ」は、フライフィッシングの聖地、デシューツ川が由来である。日本に置き換えれば「長野」や「八ヶ岳」であり「長瀞」かもしれない。しかしそれらの名が短絡的なものであっても、世の中がアメリカを渇望していた当時、特別なフィーリングを抱くに十分なネーミングセンスだった。

自然豊かなオレゴン州に本社を構えるナイキにとって、アウトドアの存在意義は都会からの、そして日常からの逃避行でもあった。だからこそ、1984年に発売された初めてのトレイルランニングシューズは「エスケープ」と名付けられ、その後ナイキ エアが搭載された「エア エスケープ」はシリーズ化されることになる。

１９８０年代後半には、スポーツと日常とアウトドアを結びつけるという目的を掲げ、新しい「エスケープ」シリーズもスタート。こちらは自然を連想させるカラーをランニングやバッシュの人気モデルに配するなどし、ＡＣＧの発足へとスムーズに繋がった。

こうした流れに追従したメーカーの中で目立っていたのは、アシックスやチャンピオン、ハイテックなど、やや意外どころだった。いずれのメーカーも茶系の色を用い、ブーツほど重厚ではないハイカットを展開。どのシューズでも特徴として見られていたボリューム感は、並行したバッシュブームとの親和性も高かったようで、人気を博した。

価値をメディアが整理する

ファッションスタイルが徐々に確立していく過程において、メディアが果たした役割はかなり大きかった。特にこの頃、若者から強い支持を得ていたのが『Fine』（日之出出版）や『Boon』（祥伝社）といったファッション情報誌だろう。

彼らがいち早くリアルな街の流行に耳を傾け、ブームの火付け役になったことは既に記した。しかし『Boon』はもともと、ヨーロッパファッションで賑（にぎ）わうファンタジーで華やかな時代の反動に生まれた、インドアマガジンだった。

初期はデジタル家電やインテリアの企画が中心だったが、1988年、盛り上がりを見せていた渋カジの中にある「華やかさを競い合うマスファッションの裏側」を拾い上げ、レザーやジーンズ、スニーカーといった若者の欲望を反映した一点豪華主義に注目し、特集を組み始めるようになる。

1989年に月刊化されると、ファッション誌であることを否定し続けたはずの『Boon』は、結果的にファッションの裏舞台であった〝ストリート〟と結びつくことで部数を伸ばし、いつの間にか〝ストリート〟が表舞台になるという、逆転現象の象徴になった。

本来「人と同じものを着たくない」がストリートの根源的な欲求だからこそ、彼らは古着店やフリーマーケットに足を運び、一点ものに価値を見出してきたのである。そして、そうした欲求に光明を見出した『Boon』だからこそ、ヴィンテージ特集を定期的に企画していたわけだが、その過程で、盛り上がりを見せ始めていたNBAに目をつけ、プレイヤーが着用するバスケットボールシューズも積極的に掲載するようになった。

かつて、スポーツメーカーが作ったシューズは大型スポーツ店が取り扱いの中心で、今のようなスニーカー専門のブティックなどは存在していなかった。しかも『Boon』と距離の近いような小さなショップには、メーカーから直接仕入れるパイプが存在しない。

そのため、バイヤーは地元密着のローカルなスポーツ店を巡り、「売れ残り＝掘り出し物」を格安で見つけて販売することに努めたが、もちろん在庫はすぐに枯渇する。それで今度は、全米中に点在する古びたローカルショップを目がけ、海を渡ることになる。

１９９０年代初期、日本は長期的な円高傾向にあった。その円高を武器に、バイヤーたちは当初ヴィンテージを目当てにアメリカを巡るも、その数はやはり無限ではない。大きなパイを食い合うかのように、美味しい部分（ここでは古くて貴重なデッドストック）からなくなっていく。すると次に現行のモデルに目を向けるようになる。

全米の各都市にはフットロッカーやフットアクション、アスリートフットといった大手チェーンストアが点在していた。そのため、買い付けはバスケットボールシューズからランニングシューズまで裾野が広がり、同時に『Boon』の特集の幅も広がっていく。

当時のアメリカには、日本で流通しないモデルやカラーのスニーカーが山のように存在していた。バイヤーが買い付けてきたそれらを掲載することで、誌面をまるで宝物のカタログのごとく取り扱う読者の心をしっかりと摑んでいったのだ。

『Boon』に一貫していた方向性とは、スニーカーに限らず、アイテムの価値を整理することだったと言える。

写真11　1足23万円で店頭に並んだナイキ「エア ジョーダン 1」。1994年6月13日大阪市で撮影。読売新聞社提供

彼らは、まずジーンズなどの古着を取り扱ってきた過程で、その価値を体系化するノウハウを習得した。最初は原宿や渋谷を中心に、次第に都内近郊、全国の古着店などへと場を広げ、電話でリサーチをして在庫や価格を調査し、ストックリストを作成。それを特集のヒントにしつつ、品薄のモデルや市場相場を洗い出し、紹介していった。

また、できるだけ多くの比較サンプルを集めることで、モデルの発売時期や、ラベルやディテールの変遷などを暗号でも解読するかのように判別し、整理していった。数によって分析し、市場のニーズを大局的に捉えながら、業界最先端の視点で情報を深掘りする。ビジネス用語で言う定量分析と定性分析を無意識に使い分けながら、読者を獲得するとともに、その信憑性を高めていったのである。

グランジとローテクスニーカー

このようにスポーツシューズを中心としたファッションのハイテク化がますます進む中、アメリカではそれを遠ざけるかのように、逆の動きも起こり始める。それがグランジブームだ。

「グランジ」とは「汚れた」「薄汚い」を意味する形容詞「grungy」が名詞化した言葉で、ロック音楽のジャンルの一つ。ボロボロのデニムや着古されたネルシャツ、そしてローテクなスニーカーをまとったニルヴァーナやサウンドガーデンといったバンドが奏でる、陰鬱で激しいメロディーがヒットチャートを席巻。それまでロックの主流だった、大義で言うところのヘヴィメタルに反旗を翻すごとくシーンを革新していく。

ある意味、能天気で攻撃的、そして派手な衣装に身を包んだヘヴィメタルは、1980年代のアメリカの好景気を音楽によって体現していた。一方、内省的でラフなファッションのグランジは1990年代の下降気味な景気を反映していた。しかしその観念的な歌詞こそリアルで、ロックだった。特に1991年、ニルヴァーナがリリースしたメジャーデビューアルバム『Nevermind』(Geffen)は、それまでの音楽的通念を一瞬にしてリセットしてしまう。

そうしたトレンドに呼応するかのように、スニーカーにクラシックブームが訪れる。各メーカーが自分たちのアーカイブを復刻する動きが出始めたのだ。

アディダスはそれまでフランス製のヴィンテージを探すしか手に入れる術がなかった「キャンパス」や「ガッツレー」を復刻。プーマは「プーマ スウェード」のアジア生産をスタートし、時代のニーズに合わせた新しいスペックにして世に送り出した。

コンバースは1970年代、ごくわずかな生産期間だったことから古着市場で〝ツチノコ〟のごとく扱われていた幻の「ワンスター」やNBAの現役を退いたマジック・ジョンソンやラリー・バードが愛した1986年製「ウエポン」を矢継ぎ早にリイシュー。ナイキもまた「コルテッツ」や「ワッフルレーサー」など、初期のランニングシューズを復刻した。

当時の復刻品の多くは、シルエットや素材感の再現性において、決して従来のヴィンテージマニアを納得させるクオリティーではなかった。しかし、ファッション側からスニーカーに興味を持ち始めた新規ファン層を獲得するには十分なものだったと言える。何よりどこのお店にも置いてあって、福沢諭吉を1枚出せばお釣りもくる。人気スニーカーのプレミア化が進む中、そんな良心的なプライスもあり、エントリーユーザーの囲い込みに成功したのである。

なお、この時期に最もヒットしたローテクスニーカーの一つが、先述したニルヴァーナのボーカル、カート・コバーンが愛したコンバース「ジャックパーセル」だった。かつてはラモーンズが「オールスター」を愛したように、コンバースのローテクスニーカーは長い歴史と変わらないルックス、そしていつの時代でも「社会やメジャーに反抗する」といったメッセージが伝わる、不思議な懐の深さを持っていた。

こうした動きの渦中の1993年、後にア ベイシング エイプのデザイナーとして活躍するNIGO®と、アンダーカバーのデザイナー、高橋盾による極私的セレクトショップ「ノーウェア」が原宿にオープン。当初彼らが買い付け、店頭に並べていたスニーカーが前述したようなローテクが中心だったのは、パンクやヒップホップをルーツに持つ両者にとって、当然の選択と言えただろう。

しかも「パンクのDIY哲学とブラック・サバスの暗いギター・リフの結婚」とも評されたグランジのサウンドは、1980年代初期のポスト・パンクの影響を色濃く受けている。

そして裏原宿のファッションのルーツもまた、セックス・ピストルズに代表される1970年代後期のポスト・パンクだ。保守層に煙たがられる反体制的な歌詞を歌う、自らの感情に忠実なパンク・ロックの精神が、巨大なエネルギー源だった。ロックの根底にあるプリミティブなエッジを取り戻そうとしたグランジの流れと歩みを揃えるかのように、スニーカーもハイテクのみならず、ローテクにも脚光が当たるようになる。

こうして日本では、いわゆる「裏原宿」カルチャーの萌芽を迎えることになる。

第三章

1995年のエア マックス

世界の何を変えたのか

「この新作は売れないかもしれない」

バスケットブームを皮切りにハイテクスニーカーが市民権を得、続いてアウトドアブームと名作の復刻が起きた１９９０年代前半。市場全体が巨大になったことで、やがて来る第一次スニーカーブームの地盤が固まった。

本来、スポーツメーカーにとっての復刻とは「後ろ向き」と冷ややかに受け取られることが多い。事実、メーカーの大義名分は、アスリートのパフォーマンスを向上させるという前向きな研究開発にこそある。「復刻する」という状況をテレビにたとえるなら、ヒット番組の再放送と表現すればいいだろうか。視聴率が見込みやすくとも、安易と捉えられかねない戦略である。

しかしそれは自分たちが信じてきた道の脇で盛り上がっている様々な事象やカルチャーを素直に受け入れ、世の中のニーズに応えようとする意志の表れでもある。つまりメーカー自ら、研究開発を続ける「シューズ」と、市場のニーズに即した「スニーカー」を区別するようになったのだ。

そのような状況を背景に、新作の「エア マックス」発売が発表される。テクノロジーにおいて特筆すべき点は、ビジブルエアを初めてフォアフットにも採用したことだろう。エア ユニットはエアの含有量を増すことで、形状を変えながら進化していった。リアフットに収まりきらなくなったエアは面積を広げ、前足部に到達。空気圧による「マルチチャンバーエア」のおかげで、膨らみすぎることなく安定感のある履き心地が実現され、クッション性も大幅に向上した。

しかしこれまでのシリーズとは一線を画したアッパーを見て、スポーツ店やメディアは怪訝な表情を隠せなかった。そもそも第一印象がとにかく「重々しい」のである。

それまでの「エア マックス」シリーズは、概ね滑らかでシャープなアッパーを追求し、ヴィジュアル面を通じて軽快さを表現してきた。実際「エア 180」や「エア マックス93」「エア マックス スクエア」などの一連のシリーズは色鮮やかな光沢のある素材で作られ、ハラチシステムを採用したためにフィット感も優れていた。

それが1995年の「エア マックス」では一転してソールが黒に。アッパーは下に向かって色が濃くなるグラデーションを採用と、野暮ったいルックスとなった。

「この新作は売れないかもしれない」

走るためのシューズとして「エア マックス」を扱ってきたバイヤーたちはリスクを恐れ、仕入れ数を控えめにコントロールした。しかしそれこそが、後に空前のブームを巻き起こした一つの原因とも言える。

「エア マックス 95」が生まれるまで

１９９５年の「エア マックス」の生みの親は、セルジオ・ロザーノ。彼は１９９０年にナイキへ入社し、テニスやクロストレーニング、ＡＣＧの部門を経て、ランニングのデザイナーに１９９４年に就任した若手だった。

一方、シリーズが常にシューズカタログの最上位に位置づけられてきた「エア マックス」は、社の看板モデルでもある。そのモデルのデザインを若手に委ねるような社風こそ、ナイキがモットーとして掲げる「イノベーション」の表れかもしれない。

また第二章でも記した通り、当時のシューズテクノロジーは日進月歩だった。しかしランニングシューズそのものは盛り上がりの続いていたバスケットボールシューズに比べ、沈静気味だった。それだけに、ナイキにとって１９９５年の「エア マックス」はランニング分

写真12　ナイキ「エア マックス 95」。著者私物

野の未来をかけたプロジェクトでもあった。かけるものが大きいのだから、少しくらい挑発的なデザインがいい。そうした背景があって、まだ経験の浅い若手社員に白羽の矢が立った。

ロザーノは、前部署に所属していたある雨の日の午後、会社の窓の外を見て、「もし雨によって浸食された地面に完璧なプロダクトが埋もれていたら」と考え、スケッチの筆をとった。彼曰く、このアイデアはしばらく机の中にしまっていて、満を持して引き出したという。

さらに自然をモチーフに掲げ、ナイキの資料室にあった解剖学の本からもインスピレーションを得ている。アッパーの切り替え部は地層であり、隆起した筋繊維でもあった。

なお、この肉感のあるフォルムとグラデーションを分断してしまう恐れがあったスウッシュは、あえて目立たないように小さく、ヒール側に配置している。こうして出来上がったフアーストサンプルは「ナイキらしくない」と社内でも不評だった。しかしチームは諦めず、製品化に向けて改良を繰り返していった。

そのプロセスにおいて、ロザーノはカラーリングにも機能を持たせようと考え、ミッドソールをランニングシューズでは〝掟破り〟とも言える黒にした。上に向かうにつれてアッパーの色を明るくしたのは、雨の多いオレゴンでトレイルランニングをしても汚れが目立たないようにしたかったからだと言う。

ちなみにアウトドア的な発想で配色されたのは、1stカラーのイエローグラデのみとなっている。それがACGに慣れ親しんだユーザー、つまりストリートの若者には自然と受け入れられたのだろう。94年に発売された「エア ジョーダン 9」も、黒ソールなどを取り入れた、アウトドア寄りのデザインとなっている。

こうした高い感度とマイノリティーへの理解を経て、1995年の「エア マックス」は完成した。

1995年の「エア マックス」は日本でどう受け止められたのか

当時の『Boon』は、ナイキジャパンから新作のサンプルを借り、それを発売前に誌面で紹介していた。しかし1995年の「エア マックス」について紹介された誌面を見れば、お粗末な写真に、わずかなキャプションが添えられた程度に過ぎなかった。

専門誌である『陸上競技マガジン』(ベースボール・マガジン社)でも、1994年に「マルチチャンバー エア」を初搭載した「エア マックス スクエア ライト」が発売になった際には編集タイアップや純広告によりつまびらかに解説していたのに対し、本作に関しては純広告のみ。特集などはまったく組まれなかった。

そのようにして1995年6月、静かに日本で発売された新作の初速は、全国的に見ればかなり緩やかだった。ただ原宿界隈の販売店舗に限っては、在庫の少なさも影響して、当初からハイスピードで売れていったという。特に、一連のスニーカーの傾向をしっかりと捉えていたファッション業界人は、ハイテクとアウトドアが結びついた斬新なルックスを見逃さなかったと思われる。

イエローグラデが発売された、約半年後に2ndカラーが投下される。メンズは通称「ブルーグラデ」、ウィメンズはフットロッカー限定の通称「ネイビーグラデ」。この発売あたりから少しずつ世間が騒がしくなっていく。緩やかに売れていったイエローグラデが全国のスポーツ店の棚から姿を消したことで、新色のリリースに注目が集まったのである。

この時期の日本では、クラブカルチャー期に隆盛した海外のダンス・ミュージックをJ-POPに翻訳し、新しい日本の音楽を築き上げたプロデューサー、小室哲哉とそのファミリーがヒット曲を連発。彼らによって、音楽業界がかつてない賑わいを見せる1996年がスタートするわけだが、こうしたポップ・カルチャーの勢力は少なからず様々なジャンルに好影響を与え、相乗効果をもたらす。

年始まもなく発売された3ｒｄカラーは、メンズは通称「レッドグラデ」、ウィメンズは「ブルーボーダー」。続く4ｔｈカラーはメンズが「ブラックボーダー」、ウィメンズは「パープルボーダー」。4ｔｈカラーではボーダー柄を取り入れており、それまでの地層をイメージしたアッパーのデザインからの変化が見られた。

著者の記憶では、本格的に日本で人気が爆発したのは、3ｒｄカラーだった。「レッドグラデ」は『週刊朝日』（朝日新聞社。現在は朝日新聞出版社）の表紙で木村拓哉が、「ブルーボーダー」は広末涼子がドコモのポケベルのCMで着用した。特に決定的だったのは、後者のCMである。

ミニスカートの制服姿に素足で「エア マックス 95」を履き、駆け足で公園を飛び出す姿に多くの若者が釘付けになった。今は気になるものがあれば、スマホで検索してあらゆる画像を瞬時に見ることができるかもしれないが、当時は偶然、テレビで目にするしかなかった。それだけにそのワンシーンがもたらしたインパクトは、現代とはまったく比べられないほど大きなものだった。

そもそも、若者が喉から手が出るほど欲しがっていたポケベルのＣＭで、人気絶頂のアイドルが、話題のスニーカーを着用する。その掛け算効果はもともと「エア マックス」の存在を知っていた人にも、まったく知らない人にも、同様に絶大なインパクトをもたらしたのである。

〝国民的ブーム〟の真実

２ｎｄカラー以降、重々しい黒ソールがすべて白ソールに変更になったことで、１９９５年の「エア マックス」には軽さが加わり、親しみやすいランニングシューズへと印象を変えていた。メディアでの露出も増え、世の中が少しずつその奇抜なルックスを見慣れたことも後押しし、これまでナイキそのものをよく知らなかったお茶の間にも急速に浸透していく。

そうした状況に、スニーカー愛好者たちの情報源である雑誌側も気づき始める。ブームを煽るがごとく、最初の「イエローグラデ」以降のラインナップを整理し、あらためて紹介し始めた。

　たとえば『Boon』では「レッドグラデ」の発売をきっかけに逆戻りして、赤、青、黄を見開きで大きく掲載している。すると「初期カラーにこそ価値あり」と「エア ジョーダン」シリーズと同様の振り返り現象が日本で起こり始めた。また『Boon』は歴代モデルを体系化するために、それぞれの「エア マックス」の末尾に発売年の年号を付けて紹介した。今日では当たり前のように使われている「エア マックス 95」ではあるが、実はその名付け親も同誌であり、それをナイキが公式に採用するようになったのだ。

写真13　雑誌『Boon』（祥伝社）。著者私物

　スニーカーだけでなくジーンズなどの古着やヒップホップカルチャーを深掘りし、ストリートファッションに憧れる若者の心を摑んで離さない『Boon』の実売数は、この頃50万部を超えようとしていた。

　嗅覚鋭い並行輸入のバイヤーは、1995年の早いうちからアメリカに飛び、日本で枯渇し始めたタイミングで「イエローグラデ」を買い漁っていた。ブームの黎明期であれば、販売価格は高くても3万円程度だっただろうが、発売から半年もすれば5万円を軽々と超えていた。2021年現在のスニーカーブームしか通過していない人だと大した金額に聞こえないかもしれない。しかし断言できるのは、その5万円は今と同じ価値では決してないということだ。

古着店などで扱う「エア ジョーダン 1」や「ダンク」、1970年代のランニングシューズなどにはもっと高額なものもあったが、ヴィンテージ品はワン&オンリーであるために、よりマニア向けなので、値付けの単純比較がしにくい難しさもある。一方、現行品である「エア マックス 95」はもっと俗物的だ。それゆえユーザーの層も幅広く、見る目はスニーカーの範疇を超えた「トレンドグッズ」であり、ある人にとっては「金のなる木」となった。

そうなると、流行り物目当てに仕入れをする、また違うバイヤー層が現れた。彼らはスニーカーではなく、あくまで「エア マックス 95」を仕入れるためにアメリカへ飛んだ。

しかしたくさんのバイヤーが現地に飛ぶと、当然ながら見つけることが次第に困難になり、日本で膨れ上がっていた需要をカバーすることはすぐにできなくなっていた。そうなると次第に「ソールからエアが覗くナイキのシューズなら何でも」というユーザーとバイヤーのねじれ需要に繋がっていく。日本人はランニング、クロストレーニング、バスケットボール、アウトドア、あらゆるジャンルのシューズに「エア マックス 95」の姿を重ね、似たシューズを求めるようになった。

しかも同時期を振り返ると、「エア マックス トライアックス」や「エアマックス テイルウィンド」といったランニング派生型や、「エア ミッション」や「エア フットスケープ トレーナー」などのクロストレーニング系、また甲殻類のようなフォルムと、左右非対称のシューレースを備えた前衛的な「エア フットスケープ」なども若者の間で強い人気を博すようになっていた。

さらに大リーガー、野茂英雄のシグネチャーモデルで、恐竜をモチーフにした「エア ノモ マックス」や、NBA入りを嘱望され、ナイキのサポートを受けていた能代工業高校の田臥勇太が後に着用した「エア ズーム フライト」シリーズなど、時事的なアイテムも多く、ナイキのシューズの売れ筋はこの上なく、好調だった。

そして、こうした状況こそがハイテク人気であり、ナイキ神話であり、当時のスニーカーブームの端緒だった。短期間にあらゆる部署を経験したことが「エア マックス 95」に繋がったというロザーノのデザインは、確かにランニングシューズの枠に収まらないミックス感を備えていた。それが日本に渡って想定外の反響を呼び、ナイキ人気は爆発したのである。

二つの「エアジョーダン」

1993年、シカゴ・ブルズを3ピート（3年連続でファイナルを制覇すること）に導き、キャリアのピークを迎えていたマイケル・ジョーダンは、敬愛する父の不幸によって戦意を失い、現役引退を表明。心の傷が癒えぬまま、子どもの頃に父と夢見たメジャーリーグに挑戦して世の中を驚かせたが、わずか1年7ヶ月でNBAにカムバック。どこか人騒がせにも聞こえる無茶なストーリーだが、この間ファンを一喜一憂させ、あらためてスターの偉大さを見せつけた。

彼が引退すると、バスケ界の偉大な主役を失ったことでNBA人気は停滞し、バスケットボールシューズの人気も一旦は落ち込んだ。しかしその復帰後は、ブランクを感じさせるどころかプレイの質は高まり、シカゴ・ブルズは二度目の3ピートに向けて快進撃を続ける。この筋書きのないジョーダン劇場で市場は息を吹き返し、日本でも再びNBAへの注目が高まった。

そのような中で発売されたシリーズ10代目となる「エアジョーダン10」は、シリーズの慣例に倣い3色のオリジナルカラーが発売された。しかし発売当初はジョーダンがまだ最初の引退をした後だったため、セールスは伸び悩んだ。

そこでナイキはジョーダン復帰を記念してシカゴ、ニューヨーク、サクラメント、シアトル、オーランドの都市限定カラーをリリース。各都市を拠点とするNBAのチームカラーをライニングとアウトソールに採用した。それをシアトル・スーパーソニックス（現オクラホマシティ・サンダー）のケンドール・ギルや、オーランド・マジックのニック・アンダーソンが実際にコートで着用し、ジョーダン自身も、復帰戦以後の残りのシーズンをシカゴカラーで駆け抜けた。その頃から「エア ジョーダン」は、ジョーダンのためだけのシューズではなくなっていたのである。

「エア ジョーダン 11」は、さらにセンセーショナルだった。復帰後の残りのレギュラーシーズンは13勝4敗と躍進し、シカゴ・ブルズはプレーオフ進出を決める。するとジョーダンはカンファレンス・セミファイルの初戦で、前触れもなくヒールに背番号45を刺繍した未公開の「エア ジョーダン 11」の「コンコルド」を履いて現れ、「エア ジョーダン 10」を履くニック・アンダーソンとマッチアップしたのだ。つまりこの試合で、シリーズの異なる「エア ジョーダン」が同時にコートに登場する、前代未聞の事件が起こったわけだ。

なおブルズのチームメイトは総じて黒のバッシュを履いていたため、パテントの光沢が輝く白ベースの「エア ジョーダン 11」は、またもやリーグのユニホーム規定に反した。「エア ジョーダン 1」でのエピソードが目立つが、罰金を払い続けてジョーダンがプレイしたのは、まさにこの時だった。そして背番号45を付けた「コンコルド」は、今も正統な「エアジョーダン」シリーズの一足として語り継がれ、高い人気を誇っている。

「スラム街」化したマーケット

日本での「エア マックス 95」人気は、1997年の前半まで上昇の一途を辿っていた。結局、OG（オリジナル）と呼ばれる初期カラーは全部で8色出たが、最初期の「イエローグラデ」がやはり人気で、市場価格は桁違いに跳ね上がっていき、未使用のデッドストックは15万円を超える値段で販売されるようになった。

著者としては、SMAPのヒット曲「SHAKE」（ビクターエンタテインメント）のシングルCDジャケットで木村拓哉が着用していたのが印象的だった。なおモノクロ写真が使われていたにもかかわらず、著者が「イエローグラデ」であることをすぐに判別できたのは、8色あるオリジナルカラーのうち、それが唯一の黒ソールだったからに相違ない。

この頃、スニーカーファン以外を巻き込んだ発展途上のマーケットは、ストリートと言うより、スラム街とでも呼びたくなるような惨状を呈していた。

アメリカでの買い付けも既に限界を超えており、全米中の「エア マックス」は、ほとんど日本人によって奪取されたと言って過言ではないだろう。「そこからここまで全部」「店にあるサイズは全部買います」「倉庫のストックを見せてもらえますか?」。バイヤーたちの猟奇的と言えそうな行為や言動に、現地のショップも次第に訝しむ目つきを向けるようになった。

写真14　SMAP「SHAKE」(ビクターエンタテインメント)。著者私物

日本ではバブル経済の崩壊後、基本的に円高の流れが続いていた。国内の投資家の海外投資の引き揚げや1994年末のメキシコ通貨危機の影響もあり、1995年に初めて1ドル=80円割れを記録している。それだけに、この頃は人気スニーカーを現地で仕入れられ

れば、得られる利幅が大きかったのである。

たとえば、全米中に点在するフットロッカーやフットアクションといったチェーンストアで現行モデルを１００ドルで買えば８０００円。日本で倍の値段を付けても1万６０００円と、消費者からすれば、日本での定価より少し高い程度の出費で済む。

価値があるナイキのシューズだと納得していれば、２万円台後半くらいまでは、高校生でも躊躇なくお金を払っていた時代である。何よりこの出会いのタイミングを逃せば次はない、店内にいる他の誰かに買われてしまう、という焦燥感が消費者に染み付いていた。

しかし同年7月、日米協調介入などが実施され、アメリカの長期景気回復による経済対策としてドルが高く設定されていく。年末には1ドル＝１０３円台まで上昇。その後は円安と言うべきか、本来の正常値に戻っていった。さらに１９９６年末には１１５円台、１９９７年末には１３０円台を推移するようになった。

こうなると、同じ１００ドルのシューズの価値は、２年間で５０００円も変わったことになる。身銭を切ってでも消費者に人気シューズを適正価格で届けたい、という懇篤(こんとく)なショップであれば話は別だが、そうは問屋が卸さない。人気シューズの値がどんどん高くなっていく現象を、若者たちは「人気だからだろう」と納得していたかもしれないが、実はそうした急激な円安傾向が大きな影響を及ぼしていた。

そして次は、仲介業者の介入だ。この頃になると、「エア マックス」人気を新聞やニュース、ワイドショーが取り上げるようになった。世の中にインパクトを与えるべく、メディアは「こんなに高い」「こんなに売れる」「こんなに欲しい」とブームの狂騒の一部を切り取るようになり、世の中の認識とファッション業界の感覚との間にズレが生じていった。テレビで特集されたら、健全なブームはピークだ。「10万円でも売れるから」と5万円で販売しているショップに行って買い付ける同業者なども現れ、お金に目が眩む(くら)ショップは世の中の感覚に歩みを揃えるかのように値上げするようになる。

全国各地で増え続け、競争が激化した並行輸入店も、話題作りに必死になった。とにかく目玉商品を置かなくてはならない。そのために個人間売買のフリーマーケットで購入したシューズを美中古として販売したり、委託販売を行ったりするお店も急増した。委託の手数料は安くても20％なので、小遣い稼ぎをしたい個人はその分値付けを高くし、ますますマーケットは混沌を深めていく。

そうした状況下、消費者側は徐々に白けていく。

特にブーム前夜にデザインの魅力にいち早く気づき、定価もしくはそれに近い値段で購入できた高感度なユーザーたちは、自分たちの履いているシューズが、俗の対象になっているとわかったことで、早々に狂騒の渦から去っていった。彼らは常に「次のおしゃれ」を探し続ける、生来のハンターなのだ。

「エア マックス狩り」

「エア マックス 95」人気を背景に、1996年後半くらいから新聞やニュースでプレミア化や強奪といった、ブームをネガティブに扱う報道が徐々に増えていく。特に「エア マックス 95」はフェイク品が多く出回ったため、手を焼いたナイキジャパンも同年に初めて偽物の販売業者を告訴。商標法違反容疑で警察による家宅捜索も行われた。

「エア マックス狩り」という言葉がメディアを通じて、目立ち始めたのもこの頃だ。

もともとスニーカーに限らず、ヴィンテージジーンズやレッド・ウィングのブーツなどが高価格で販売され、それが暴力団やチーマーの資金源になっていると噂されるなど、若者周辺の風紀や治安は今より悪かった。

「狩られる」「絡まれる」「盗まれる」。今振り返ると、悲しいかな、「エア マックス 95」だけに限らず、そんな危険とファッションアイテムが隣り合わせにあることが当たり前の時代でもあった。駅に屯（たむろ）している不良集団の目を避けるため、駅構内のトイレで着替えてから改札を出たり、人混みの中に意図的に埋もれたり。また最寄りではなくとも、安全な駅で降り遠回りして帰路に着くなど、若者側も〝宝物〟を守るために必死だった。

学校内でも、陸上部やバスケットボール部の部室が荒らされるという事件が頻発。つい少し前まで部室の棚に裸で入れていた、脱ぎ散らかしていたはずのシューズが、ある日から〝金品〟となってしまったのだ。そのため、部員たちはシューズを巾着袋に入れ、持ち歩いて管理するのが当たり前となった。

また、入り口で靴を脱ぐスタイルの居酒屋でも、酒の力を借りて気が大きくなった若者たちによるスニーカーの窃盗が多数起きたと聞く。その影響か、今や鍵付きの下駄箱を用意する居酒屋がほとんどになっている。

こうした日本の混沌とした状況を前に、一足のスポーツシューズに、スポーツシューズ以上の価値があることを世界は知る。特にアメリカのような「古いものや使い古されたものには価値がない」という概念を持つ国にとって、そのブームは寝耳に水だった。

リサーチ&ディベロップメントの影響

1995年と1996年は明らかにナイキの独走だった。日本では世界初とも言えるスニーカーブームが巻き起こり、想定外の盛り上がりを見せていたが、それもあり、1990年代にナイキが繰り出すマーケティングとモデル開発は、業界を常にリードし、ほかのメーカーはそれに続いていく、といった図式が確立していた。

こうしたナイキの寡占化が強まった要因の一つとして、リサーチ&ディベロップメントと呼ばれる、通称R&D部門の充実がある。これは中長期的なスパンで新しい機能を開発する研究開発チームで、いわばメーカーの頭脳とも言える存在だ。

先進的なテクノロジー開発を追わないようなメーカーは、トレンドに沿って商品開発を進めざるをえない。そして、もしスポーツメーカーの開発の軸足がファッションに偏りすぎれば、その求心力は途端に弱まる。革命家になるか、それを追う者になるか。その立場の違いが、ブランディングに格差を生む。

そのような背景で、他社も模索を続ける。

ドイツとアメリカに役割の異なるR&D部門を持っていたアディダスは、その堅実で地道な努力を、1996年発表の新コンセプト「Feet You Wear（フィーツーウェア）」に結実させる。

これはオーバースペック気味になったハイテクスニーカーのあり方を抜本的に変え、人間の裸の足を見つめ直すことが目的だった。鎧のように足を守るのではなく、足が本当に必要としているテクノロジー、それをシューズに搭載していった。該当モデルには、裸の足をモチーフにしたシンボルマークが施されている。

シューズそのものの特徴は、人間の足の形に近づけた、丸みのあるラストの採用にある。洗練されたシャープ感を求めるアスリートの志向とは対極にあったが、このずんぐりとしたフォルムは、ストリートの嗜好には合っていた。最初、テニスのカテゴリで採用されたが、次第に拡大。特に都会的な視点で山、川、海を網羅したアドベンチャーシリーズのモデルは今もファンが多く、当時のモデルの復刻を求める声も多い。

フィラはマサチューセッツ州とイタリアにあるプロダクト・デザインセンターで研究を進めていたが、1996年3月にニューヨークの中心地に「フィラ・アゴーラ・デザインセンター」を開設。それまで、アパレルとシューズのいい相乗効果が生まれていたフィラだが、本格的なシューズの領域にも踏み込んでいった。

リーボックもまた1996年2月にマサチューセッツ州の本社内に「テクニカル・デザイ

ンセンター」を新設。ポンプシステムの開発以降、技術革新においてはややナイキに水をあけられていたが、フューチャーテクノロジーの開発への投資を決意。マサチューセッツ工科大学を卒業した優秀な技術者や研究者を囲い込むことで、強化を図っていく。

その成果の一つが、DMX2000と呼ばれる新しい衝撃・吸収・反発システムである。DMXとはヒールとフォアフットに一つずつ設けたチャンバー（空気室）内の空気が、着地から蹴り出しのモーション間で移動する、リーボック独自のムービングエアテクノロジーのこと。

この機能をさらに高めるために、前後に四つずつチャンバーを増やし、計10個のユニットを形成した。これにより全体の空気容量を増やすだけでなく、足の隅々にまでチャンバーが配置されることになり、安定性が大幅に向上。今も復刻されて人気を博す「DMXラン10」や、1996年に史上最も身長の低いドラフト1位としてフィラデルフィア・76ersに入団したアレン・アイバーソンのシグネチャーモデル「アンサー」シリーズに搭載されている。

このようにして1990年代後半、スニーカー人気で得た蓄えを未来に投資していくスポーツメーカーが続出。次世紀でも生き残るための取り組みが各社でスタートしていた。

ナイキジャパンの勝算と誤算

この時期、日本でのナイキの飛躍の裏には、大きく二つの要因があった。

まず一つ目として、ナイキジャパンが現地法人になっていたということ。ナイキ本社は94年にナイキジャパンの株式をすべて取得しているが、これは「グローバル化」という21世紀の課題対応に向けた大きな一歩だった。

1990年代に入り、一度は景気が冷え込んだものの、徐々に回復の兆しを見せていたアメリカ。その中でも、売上高を大きく増やしたナイキは、成功したマネジメントを世界中でも展開していく方針を持っていた。そのマネジメント戦略の一つが、流通をコントロールするためのフューチャーオーダーシステムだ。

ナイキはこのシステムを業界でもいち早く導入し、大きな利益を得ている。これは卸先店舗が半年前にメーカーに注文し、メーカーは期日通りにその分だけ納品するという仕組みで、追加生産は基本的に行わず、返品も受け付けないという完全な注文生産販売システムである。このシステムを実現することで、在庫をできるだけ減らし、ビジネスの効率化を図ることができる。

それまでの日本でのナイキ商品の販売は、代理店制度を中心としていた。加えて一部のモデルを除けば商品余りの買い手市場だったこともあり、取り扱い店舗との直接の情報交換によってマーチャンダイズを行うことで対応を図っていた。しかしそれはある意味、メーカー側が市場のコントロール機能を失うことを意味する。たとえば、商機と実需のすり合わせにズレが生じてしまえば、不良在庫を増やしかねず、売れ筋商品だけがすぐに欠品してしまう。しかし前もって「何がどのくらい必要か」という発注量がわかっていれば、デリバリーまでの見通しが立てやすい。さらに広告予算も計上しやすくなり、より綿密な販売戦略が立てられる。

消費者が主役のストリートでは、メーカーにとって予測不可能な荒波がたびたび起こる。その波に都度対応するより、波をコントロールして合理的に航路を決めていく方が、船の舵取りがうまくいくのは明らかだ。フューチャーオーダーシステムなら計画生産が可能になり、小売店は、自然とメーカーのバックアップを受けられるようになる。こうして生まれた相互的メリットにより、ナイキの売上高は1995年5月期に前期比25・6%アップ、以降はシーズンごとに30%増を繰り返すなど、絶好調が続いていった。

ナイキが日本で飛躍した理由としてもう一つ、全国にナイキショップを続々とオープンさせたことがある。

ほかのメーカーのシューズと一緒に隙間なく棚に陳列される並行輸入店では、どうしても個別の世界観を表現しにくい。しかし直営店なら、スポーツのカテゴリ別に分けたり、正確なモデル名を表記したりすることができる。何より、ナイキという看板を背負ったスタッフが、ストリート目線でなくアスリート目線で接客することで、プロダクトに備わったストーリーをきちんと伝えられる。

また直営店に付随するように、郊外にファクトリーストアを展開。いわゆるアウトレットモールなどに置かれる店舗だが、売れ残り品の流通経路を作れるメリットがあった。もしそうした品を小売店に流し、売り方を委ねてしまうと、ブランドのイメージダウンにも繋がりかねない。メーカーが責任を持って在庫を消化するという意味でファクトリーストアは理想的なリスクヘッジとなった。

１９９６年にはマイケル・ジョーダンが横浜アリーナで開催されたイベント「NIKE HOOP HEROS」のために初来日し、テレビや新聞に大きく取り上げられた。ジョーダン以外にもチャールズ・バークレーやジェイソン・キッドら有名選手も参加するなど、夢のような企画をファンに提供できたのも、グローバル化のメリットと言える。

これらの施策を通じ、１９９５年からのわずか2年間で、ナイキは１９９５年比で2倍もの売上高を記録。こと日本に至っては、１９９７年5月期に93％増という驚異的とも言える数字を叩き出した。これは当時のアジア地域の全体の売り上げ、その約半分を占めるという巨大な額だ。

ここでの成功により、ナイキにとって日本市場は、間違いなく米国以外で最大のマーケットになった。しかし、この大き過ぎる成功は「エア マックス 95」が誘因となったナイキブームが巻き起こしたものだとも言える。

一方、うまく回れば大きな利益をもたらすフューチャーオーダーシステムも、マーケットそのものの動きが予測不能になると、途端に歯車が狂い、返品機能のない小売店などを圧迫することになる。また先述したナイキジャパンの動向は、直営店以外の並行輸入ショップなどの崩壊を招くことになり、結果としてブームがリセットされる要因の一つになった。

第四章

インターネットとスニーカー

冬の時代の先で

魔の1998年

アスリートのために心血を注いできたスポーツメーカーにとって、1990年代中頃から想定外のフィールドで起きた〝制御不能〟とも言えるほどの爆発的人気は、同時にブランドの理念を正しく伝える機会を喪失させてしまう。

ブランドがますます俗物的に扱われていくことに対し、ナイキジャパンは警鐘を鳴らすようになり、自らの手でMOOK本などを制作し始める。その一つが全3冊からなる『ナイキ完全読本』（ソニー・マガジンズ）だった。

当時のスニーカーブームの絶頂期だった1996年と1997年は、ブームを扇動していた雑誌もバブル状態にあった。たとえば『Boon』は1997年2月号で「スニーカーインターネット」という巻頭特集を企画して過去最高の65万部まで伸ばし、ほぼ完売という記録を打ち立てた。ちなみに雑誌不況とも言われる昨今、10万部を超える男性ファッション誌はほぼ存在せず、実売率の平均は50％とも言われている。

写真15 『ナイキ完全読本 Vol.3』(ソニー・マガジンズ)

そうした、飛ぶ鳥落とす勢いであったファッション誌に部数こそ及ばないものの、ナイキ自らの手で企画を立て、スポーツ視点による構成で作ったMOOKは「我々はアスリートのためのブランドである」という意思表示だった。そして先述した通り、1996年からは直営店であるナイキショップを全国に続々オープン。いずれもブランドの方向を正しく示し直すための施策だった。

さらには『Boon』などのストリート雑誌の編集部に対し、ナイキは誌面掲載への協力を一時的にストップ。これは自分たちの意に反する紹介の仕方でストリートを煽るメディアへの絶縁状だと言える。

ナイキは1997年、過去最大の成長率を記録し、ついに過去最高益を達成。しかし、ストリートに牽引されて高度な成長を続けていたために見えなかった問題が、この頃から表面化する。じわじわとマイナスの影響を及ぼしていった。

特に「エア マックス 95」というモンスターを手に入れた、もしくは通過したことで感度を高めた若者たちが、次の一手を見失ったことで、明らかに買い渋り現象が起きた。

この頃「ナイキのハイテクスニーカー」を欲しがっていた人にもある程度、求めるものが行き渡ったため、多くの人は満足し、魔法が切れたかのように消費マインドが冷え込み、マーケットから去っていった。ブームに乗った多くの人が手に入れたかったのは「スニーカー」という名の流行り物に過ぎなかったからだ。ブームが過ぎかけると、雑誌での掲載スペースも徐々に減り、社会におけるスニーカーの情報量も減っていった。

それに加え、1998年のナイキは例年に比べて明らかに不作だった。

この年、ナイキは半球型のサスペンションパーツを内蔵し、クッショニングだけでなく走行安定性も重視したチューンド エアを発表。しかしエアユニットが見える面積の拡大こそがナイキ エアの正統進化であるとすれば、どこか拍子抜けするようなものと言わざるをえなかった。新作の「エア マックス 98」は、過去最も進化のない「エア マックス」とも揶揄され、セールスは低調だった。

この頃、世界では急激な勢いでインターネットが広まっていた。その結果、ユーザーは国境を越え、より簡単にコミュニケーションできるようになったため、企業はネガティブな情報を広めない意味でも、ＣＳＲ（企業の社会的責任）をより重要なものとして認識していく。

そのような中、ナイキがインドネシアなどの下請け工場で、就労年齢に満たない少女らを低賃金で働かせていたことが１９９７年に発覚。世界規模での不買運動が起きていた。日本はこうした問題に対して反応が薄い印象があるものの、それでも生まれたネガティブな空気は、シューズラインナップの魅力のなさに追い討ちをかけ、ナイキへ経済的打撃を加える。伸び盛りだった売り上げは一気に鈍化。１９９８年から１９９９年にかけては下降線を辿ることになる。

１９９０年代後半から、企業の社会的な姿勢や取り組みが数字に直結するようになって、人権への対応は経営の一要素となり、軽んじれば、いとも簡単に会社が揺らぐ時代になっている。今日におけるサステナビリティーや様々なハラスメント問題もまさにそれだ。

いずれにせよ１９９８年、突如としてナイキを中心としたスニーカー界隈は冬の時代を迎えることになった。

日本市場を狙ったアメリカ企業の失敗

日本市場を狙う外国系小売企業の進出が相次いだ１９９０年代は、グローバル化が急速に進んだ時期だった。特にアメリカ企業の動きは盛んで、ディズニーやワーナーブラザーズ・スタジオといったキャラクターグッズのストア、ギャップやエディ・バウアーといった衣料品店、そしてスポーツオーソリティなどのスポーツ用品店などが次々と進出している。中でも日本未発売モデルが市場を賑わせてきたスニーカー市場において、1997年のフットロッカー上陸は大きなトピックのはずだった。

アメリカで巨大な販売網を持っていたために強い権力を持ち、各メーカーのご意見番として機能していたフットロッカーには、多くのSMU（スペシャル・メイク・アップ）モデルが入荷する。これはメーカーからの見返り、「たくさんオーダーしてもらえるなら、特別なモデルやカラーを用意しますよ」という見返りを形にしたものだ。日本のメディアはこれを「別注カラー」と呼んで希少性を煽っていたが、正しくは「専売カラー」と言える。そこに行かなければ手に入らないという特別感は、フットロッカーの価値を高め、シーンの活性化に貢献した。

フットロッカー・ジャパンは1997年9月、千葉県のららぽーと船橋そごう内に第1号店をオープン。後に東京と近郊都市、大阪を中心に出店したが、結果的に数年で日本から撤退している。「エアマックス　プラス」といった専売モデルの話題はあったものの、市場をヒートさせるには至らなかった。

海外の巨大小売が日本に目をつけた理由は、バブル経済の崩壊によって起きていた地価の下落や商品の優位性、そして有望市場の開拓にあった。フットロッカーに関しては、世界に先駆けて起きた日本のスニーカーブームに勝機を見出し、進出に動いたのかもしれない。しかしそのタイミングは、数年遅かったと思われる。

1990年代のスニーカーブームの場合、先見の明を持った少数のマーケット・リーダーが起こした火種を、唯一の情報源だった雑誌が特集し、それをテレビや新聞などのメディアが拡散することで新規ファンが増えていった。実際、その図式によって空前のブームは形作られていた。

しかし、流行り物を追い続ける宿命にある雑誌を、長期間コントロールするのは難しく、スニーカーブームも大きな火を維持することはできなかった。マスメディアに扇動されただけのにわかファンは、いつの間にか、別のトレンドに向かって駆け足で去っていく。残った少数精鋭のスニーカー好きだけを相手にしても、需要と供給のバランスが合わなくなるため、ビッグビジネスは難しくなる。

なお1998年には、同じく米国を中心に世界規模で展開するザ・アスリートフットが丸紅とタッグを組み、日本に進出している。かつて1980年代に一度上陸し、ストリート前夜のスニーカー人気を支えていたショップだが、1990年にフランチャイズ展開を終了したことから、事実上の再進出を果たしたこととなった。

フットロッカーとザ・アスリートフットという、アメリカの2大チェーンストアが上陸したことは、今でこそ小売市場のグローバル化と聞けば頷けるが、当時の日本にまだその土壌は整っていなかった。

思い返せば、日本のマーケットにとって、フットロッカーとは夢の存在のままであるべきだったのかもしれない。

アメリカ至上主義で育った若者にとって、海を越えた先にある大きなお店。ストライパーと愛称される、縦縞（たてじま）のポロシャツを着た陽気でクールな外国人と、そこに行かなければ見られない光景、手に入らないシューズ。その大きなスケールの破片を摑みたかったのだ。

反面、日本で買えるアメリカは近すぎて、ストリートには魅力的に映らなかったのかもしれない。1990年代の日本の若者ファッションは、まだ「手を伸ばしても簡単に届かない海外への憧れ」がエネルギーの源だった。そう考えると、この上陸は時期尚早だったのだろうか。

ショップの苦境

インターネットがまだ普及していなかった1990年代前半。ショップへの問い合わせは基本的に電話で行われた。雑誌ではたびたびショップ特集が企画され、読者は巻末のショップリストや、ページ内に商品クレジットとともに入っている電話番号をチェックしては、片っ端から電話をかけて在庫を確認したり、通販が可能かを問い合わせたりしていた。スニーカーブームがピークとなった頃には、全国各地で並行輸入ショップがオープン。雑誌への広告出稿や、掲載依頼といった店側からの逆アプローチも多かった。

特にページの端の3分の1スペースに、米粒のような大きさで、解像度の低いスニーカーの写真と値段が連なる、いわゆる「縦3広告」は、広告用に用意したページでは収まりきらない出稿を何とか掲載するための苦肉の策で、雑誌バブルを象徴するレイアウトでもあった。

この頃、家庭用ファクスの普及率も年々高まっており、総務省の通信利用動向調査によれば、1995年には16・1%に達していたとされる。その普及によって雑誌の編集部では、付き合いのあるショップ一軒一軒に電話をかけるだけでなく、ファクスの一斉送信を用いて、効率よく入荷や在庫の情報を把握できるようになった。これによって、雑誌にはより広い全国のショップ情報が掲載されるようになっていく。

しかし1998年になると、打って変わって、多くのショップが店を畳むこととなる。

そもそも為替や物価の違いを利用して販売する並行輸入とは薄利多売が基本で、海老で鯛を釣るようなビジネスはしにくい。バイイングにかかる渡航費やショップの地代家賃、人件費などを差し引いて黒字を計上することを考えると、先の見通しが立てにくく、単価の安いスニーカーをメインの商材として扱うのはリスクが高かった。

閉店の波を乗り切ったショップもあるが、それは深い知識を蓄えた先覚者が経営している店ばかり。加えて、スニーカーにまつわるカルチャーに精通しているオーナーの店が多かったというのが著者の印象だ。

いくつか挙げれば、後に上野から原宿へ移転するチャプター、アメ横のミタスニーカーズや山男フットギア、川越のハンドレッドファーストなどだろうか。それらの店の多くにはスニーカーブームが訪れる前から広大なアメリカとスニーカーを熟知し、バスケットボールやアウトドア、ランニングについての知識に長け、貿易についてのテクニックを持っている名バイヤーがいた。メーカーとも密な交流を持ち、メーカーにアドバイスをするようなご意見番ショップでもある。

ともあれ、一つのモデルで作り上げたブームに乗りつつ、一方でリスクを分散させ、健全な、次世代のためのスニーカーカルチャーを築くため計画的に動いたショップだけが、この混沌とした時代で生き残ることになる。闇雲に人気モデルだけを買い集めるのではなく、メディアと情報を共有し合い、自らトレンドを発信する。彼らはそうした新しい小売りのあり方を開拓したパイオニアでもある。老いたる馬は路を忘れず、だ。

冬の時代とストリート

スニーカーがお金にしか見えていなかった並行輸入のバイヤーたちは、市場の停滞に焦りを覚え始めていた。

手当たり次第にお店を回るだけの表面的なバイイングをしているバイヤーも多かったが、大成功を収めていた一部のショップは、それと異なる仕入れ方法をとっていた。具体的には近くの親戚以上に頻繁にコミュニケーションをとっていた海外のショップとのコネクションを生かし、彼らがメーカーより仕入れたカタログをいち早く見せてもらい、半年先に発売されるモデルを発注する。つまりフューチャーオーダーシステムへ秘密裏に便乗することで確実に、そして定価よりも少し安く仕入れていたのである。

しかし、そうした先物買いの仕入れ方法が完全に仇となってしまう。オーダーから入荷されるまでの間にブームが一気に終息傾向へ突入したため、絶対数が減った客を前に在庫が捌けないというスパイラルに陥り、多くのショップがありえない量の過剰在庫を背負うことになってしまったのだ。不明瞭なマーケットを前に、売り上げを担保できるモデルが見つけられないままヤマを張る形のバイイングに未来はない。こうして、多くのショップは資金繰りがうまくいかなくなり、店を閉じざるをえなくなった。

そうしたショップ側の苦境を前に、ナイキは会社と市場をより自らの力でコントロールせざるをえなくなった。彼らがあらためてスポーツを楽しむ顧客の深耕へと舵を切ったことで、逆にストリート側は目標を失ってしまい、結果として売り上げは停滞し始めた。

この時点で、先行きが読めない不安定なマーケットに、道標を示せるヒーローが必要であることに、ナイキ側は気づき始めた。アスリート志向のグローバル化を促進する。その方針に沿って市場をコントロールする役割を全うする一方、世界を驚かせた大きなムーブメントを生み出した、日本のストリートの重要性を肌で感じるようになっていた。

かつてナイキ社内では自分たちの商品について〝ファッション〟という言葉を口にすることが禁じられていたという。しかし凍りついた市場を溶かす温度を持つのは、いつの時代もストリートで生きる若者しかない。

スニーカーの歴史を理屈ではなく肌で体感し、あらゆるカルチャーに長けたインフルエンサー、藤原ヒロシ。カルチャーを介して偶然に起こる摩擦でなく、自らの手の中でブームの火種を作り出せる人物。日本に、いや世界に一人の先導者である。

再びのクラシック回帰

ハイテク志向の先頭に立っていたナイキが勢いを失った1998年についてあらためて振り返れば、未来が見えにくくなったためか、安定志向が生まれ、再びクラシックなローテクにスポットが当たっている。

特に人気を博した代表的なモデルとしては、アディダス「キャンパス」や「ガッツレー」、ニューバランスの「576」や「996」、コンバースの「ジャックパーセル」や「ワンスター」などが挙げられる。1990年代前半に起きたグランジブーム期とフォーカスされたモデルはほとんど変わらないが、クラシックな印象を拭う鮮やかな海外限定カラーなどが各社より多数出され、賑やかな様相を呈していた。

不調だったナイキにとっての数少ない鉱脈は「エア フォース 1」だろうか。1995年頃からアメリカでは、ニューヨークを筆頭とした、東海岸ヒップホップカルチャーのアイコンとして君臨しており、現地のショップなどでは、日本で見たことのないカラーや素材が充実していたように記憶している。日本国内ではチャプターの品揃えが圧巻で、店内の壁を埋め尽くしていた。

写真16　アディダス「キャンパス」。著者私物

「エア フォース 1」ヒットの要因としては、ハイテクシューズに比べてノーマルプライスが安かったことも大きいだろう。ランニングカテゴリのトップモデルである歴代の「エア マックス」の定価は基本的に150ドルで、それ以外でも100ドル超えがほとんど。しかし定価が65ドルや70ドル程度の「エア フォース 1」は、円安でも利益が見込める頼もしい存在だった。チャプターを立ち上げ、現在はアトモスの社長でもある本明秀文も「エア フォース 1はどんな時も裏切らない」と語る。

ジャパニーズヒップホップが台頭したのもこの頃で、宇田川町を中心に渋谷系に代わる新しいカルチャーが浸透していた。
1995年にはTOKYO FMで「HIP HOP NIGHT FLIGHT」が放送開始。1996年には日比谷野外音楽堂で大規模な「さんピンCAMP」が開催される。1997年にはJ-WAVEで「Hip Hop Journey -Da Cypher-」が配信されるなど、ヒップホップ界隈はアンダーグラウンドからメジャーなカルチャーへと、広がりを見せていた。そして歴史を振り返っても、ヒップホップとスニーカーの相性の良さは実証されている。

写真17　ナイキ「エア フォース 1」。著者私物

原宿エリアにたくさんあったスニーカー専門の小型並行輸入ショップは少なくなっていたが、代わりに渋谷の神南、宇田川町エリアではB-BOY系の並行輸入ショップが急増していた。そして後者のバイヤーたちは、出所不明のトレンドの先へ闇雲に手を伸ばすのではなく、カルチャーの視点で商品を買い付けるのがその特徴だった。

海外アーティストのPVやジャケットという確かな情報源をもとに、特にウータン・クランやア・トライブ・コールド・クエスト、デ・ラ・ソウルやジャングル・ブラザーズ、ナズなど、「ネイティブ・タン」と呼ばれる一派の着こなしをお手本に、迷いのないバイイングを進めていた印象がある。

藤原ヒロシと「ダンク」復刻

1998年を過ぎても、ナイキは苦戦を強いられていた。マーケットから好んで受け入れられるような新作、ハイテクスニーカーがとにかく出てこない。新幹線をイメージしたフォルムと東京の街並みからインスピレーションを得た近未来的なボディを持ち、今でこそ革新的と言われる「エアマックス97」も、発売当時はさほど話題を提供することができなかった。

そこで苦しんだナイキが活路を求めたのが〝復刻〟である。

先述したが、あくまでアスリートのために技術革新を繰り返してきたスポーツメーカーにとって復刻とは、ファッション市場の活性化という意味合いが強い。一方、過熱したブームへの警戒から雑誌メディアと断交し、「スポーツのため」というメッセージを強く打ち出したナイキの方針は、お世辞にも成功とは言えなかった。

そこで挙がってきたのが「過去の名品を蘇らせる」というナイキジャパンのアイデアだっ

た。いつの時代にも失われない名作の持つ力を、未来の道標としたのである。

スニーカーブームを経験した日本だからこそ生まれたアイデアとも言えるだろう。当時はまだグローバル化の黎明期。アメリカ本社もそれまでの日本の貢献度を理解していたため、ナイキジャパンの存在感はナイキ全体でも大きくなっていた。それゆえ、ナイキジャパンの社員たちは、自らが企画したアイデアを本国に提案したり、商品開発をしやすい環境にあった。その権利を行使したうちの一つが、ヴィンテージ市場で〝幻〟とまで呼ばれた、あの「ダンク」の復刻だったのである。

「エア マックス 95」などとは違い、とうの昔に廃番になっていた「ダンク」は、海外でも滅多に見つからない入手困難モデルとなっていた。現行モデルであれば、ひたすらにお店を回ればいつかは在庫にありつける可能性があるが、廃盤モデルではそうはいかない。人脈と嗅覚と時の運に恵まれたバイヤーですら、巡り合える可能性は極めて低い、それこそトレジャーハンティングだ。

なお「ダンク」のオリジナルカラーは7色。そして「ターミネーター」というワシントンD.C.のジョージタウン大学専用モデルを加えた8色が存在している。8色すべて、ナイキがサポートしている強豪校のチームカラーで彩られていた。

一つのカラーにおける販売網は限定的であったため、決して玉数が豊富なモデルとは言えなかった。安く作ることが大命題だったため、生産は主に釜山の下請け工場で作られていた。そのため韓国内でも流通していたようだが、正規ルートでショップが仕入れていたかどうかは定かでない。とにかく隣国の日本での発売はなかったために、状態とサイズが良ければ、20万円をゆうに超えるプレミアムシューズになっていた。

ややい時代がずれるが、２０１０年に発売された書籍、『Sneaker Tokyo vol.2 “Hiroshi Fujiwara”』（『SHOES MASTER』編集部編集、

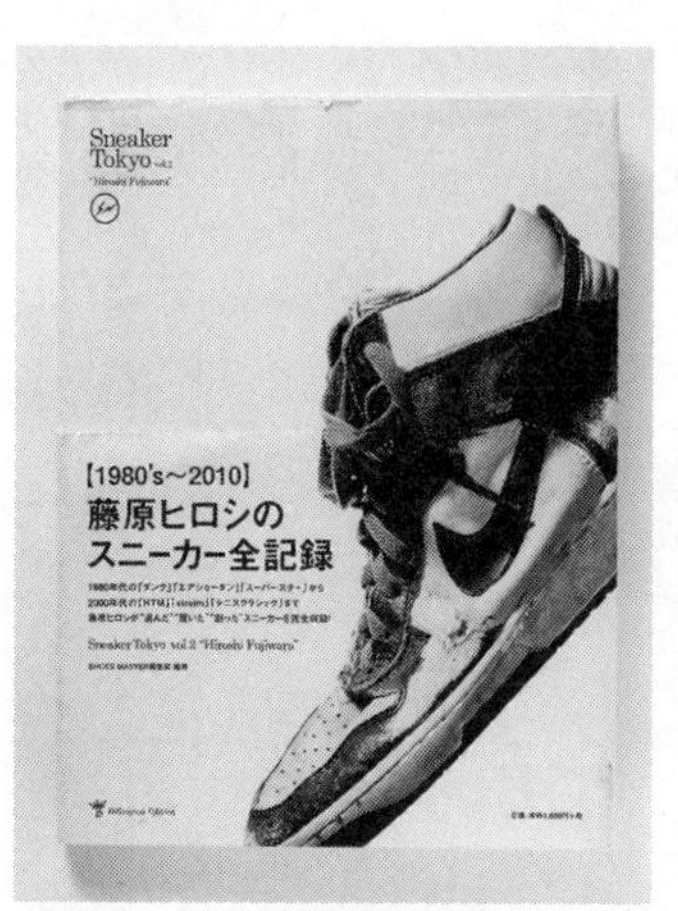

写真18　『Sneaker Tokyo vol.2 “Hiroshi Fujiwara”』（『SHOES MASTER』編集部編集、マリン企画）。著者私物

マリン企画）では、藤原ヒロシの膨大なコレクションの一部が撮り下ろされており、熱狂的な〝ＨＦ〟信者のバイブルとされる。

この書籍の表紙に掲載されているのが、ミシガン大学用に彩られた紺×黄の「ダンク」だ。スケートボードのオーリーでつま先のサイドがすり減り、ボロボロに履き潰（つぶ）されたその姿を見ていると、デッドストッ

クのスニーカーを、大金をはたいて購入し、神棚に祀るように棚に飾るコレクター的な思考が陳腐にも思えてしまう。「本当に価値のあるシューズとは?」と問いかけられたかのようで、彼が〝クールのそのはるか先〟を歩んでいることの表れにも見える。

藤原は、アメリカのスケーターが履く「エア ジョーダン 1」欲しさに韓国へ探しに行った時、初めて「ダンク」に出会ったという。最も有名な紺×黄や白×オレンジ、白×紺など、30足ほども購入し、友人のショップの買い付け用に回してあげたり、お土産として配ったりした、と口談している。残した自分のダンクを「エア ジョーダン 1」とともにスケートで愛用したという。

前足部にエアを搭載しなかったことで結果的にソールを薄くできた「エア ジョーダン 1」と同様、ノンエアゆえのダイレクトな接地感の一足はスケートと相性が良かった。かつて著者が藤原に「ダンク」についてインタビューした際、「確か1997年頃にナイキに呼ばれていろいろ聞かれた時、『ダンク』を復刻してほしいとリクエストしたが、過去のものを作り直すことはできない、ときっぱり断られた」と述懐している。

それでも、背に腹を替えられないところまで追い込まれたのか、それとも藤原の願いを叶えるために奔走したのか。いずれにせよ「ダンク」は1999年の春夏に初復刻を遂げることになる。

まずはハイカットが6色、ローカットが3色。そして秋口にはその9色のアッパーカラーを反転させた通称「裏ダンク」がシリーズ展開され、全18色が約1年間のスパンをかけてじっくりと展開された。「裏ダンク」について、一説にはもともと発注工場のミスによって、色の配置が反転して上がってきたサンプルが出色の出来だったことからプロジェクト化されたとも言われているが、あくまで噂で、真相は不明だ。

写真19　ナイキ「ダンク」。その中の、スウォッシュとボディーカラーの配色を反転させた、通称「裏ダンク」。著者私物

販売店にスポーツショップは含まれず、ストリートに影響力を持つショップが選ばれたのも特徴的だ。並んだのは上野のミタスニーカーズや山男フットギア、日本に上陸してまもない代官山のシュプリーム、元プロスケーターの江川芳文らがディレクションする原宿のヘクティクなど。その販売戦略は「東京シティアタック」と名付けられ、まるで戦時の奇襲作

戦のようだった。

こうしてストリートのために息を吹き返した「ダンク」が、ナイキ復活の狼煙(のろし)を上げた。

ハイテクの変容

枯渇化が進むヴィンテージ市場の救済措置的な意味合いで「ダンク」が復刻された一方、ナイキはR&D部門で新プロジェクトをスタート。それが「アルファプロジェクト」である。

掲げられた目的はシンプルで、アスリートにとって究極のパフォーマンスを発揮するフットウェア、アパレル、イクイップメントを作ること。先進的なアイデアとテクノロジーを融合するという試みだ。カテゴリに属するものには「ALPHA」の文字を中抜きした5ドットのデザインが施された。

アルファプロジェクトでは今までのシューズの概念から逸脱した、斬新奇抜なデザインが生み出された。「シューズの甲には靴紐があり、それを通す羽根の補強があり、ソールがある」といった、靴作りの基本をリセットしたかのようだった。

デビューは1999年のスプリング期で、まずランニングの核として「エア ズーム シチズン」がリリースされる。「エア ズーム シチズン」にはズームエアが搭載され、怪我をせずにトレーニングを積むためのクッショニング、そしてパフォーマンスを高めるためのクイックな反発力を兼ね備えるという、貪欲なアスリートのニーズを応えるためのプロダクトであった。

テニス用としてはアンドレ・アガシの「足の位置を低くして、地面に近くしてほしい」というリクエストに対し、ビジブルズーム エアを開発。バスケットボール用には、ゲイリー・ペイトンのような高速のカットインを実現する「エア ズーム アフターバーナー」をリリース。これは、側面にラチェットシステムを採用した左右非対称のデザインが特徴で、軽量かつサポート性に優れていた。

中でもストリートへの適応性が高かったのは、クロストレーニング用の「エア ズーム サイズミック」だろう。これはNCAAに出場した有望なバスケットボーラーであり、ワールドクラスのジャンパーであり、さらに世界最速でもあるマルチアスリート、マリオン・ジョーンズのトレーニングのために開発された一足である。

4方向に伸びるストレッチアッパーと、サポート力を高めるエクソスケルタムシステムを組み合わせた、斬新なルックス。この一足で底力を感じたストリートは、ファッションとしての可能性をあらためてナイキに見出す。

その後、蜘蛛の巣のように柔らかなTPUケージが張り巡らされた「エア クキニ」やバスケットシューズの「エア フライトポジット」などを立て続けにリリース。これらに共通しているのは、靴紐が付いているものの、それでフィット感を調節するという概念がないこと。「未来を見据えたら、シューレースは煩わしいものとなる」と判断したのだろうか。ただ20年ほど経った今から振り返ると、そのコンセプトはかなり的を射ていたようにも思える。

ナイキが新しく打ち出したフィットの概念は、奇抜で機能的でありながらミニマル志向であることを世間に提示した。同じ頃に畑違いではあるが、アップル社も6色で構成されたレインボーロゴを終了。1998年に販売を開始し、世間を騒がせたiMacの発表と同時に、単色ロゴへと変更している。

ここへきて「機能をとにかく視覚化する」という1990年代らしさは終わりを迎えつつあった。シューズも、テクノロジーの存在を強く訴えかけるのではなく、むしろ意識させないという新しいフェーズに突入していったのだ。

21世紀へのバトン

そして迎えた2000年。アルファプロジェクト以降のナイキの方向性を決定づける「エ

ア ウーブン」と「エア プレスト」という二つのモデルが登場する。

　アルファプロジェクトに属さない「エア ウーブン」は、ゴム紐で編み込んだ、複雑でミニマルなデザインを使った靴紐のないスニーカーだ。製造工程の中で出る廃材を再利用するという、エコロジカルな思想も組み込まれている。

　そして「エア プレスト」は、またシューズの概念を覆すようなエポックメイキングな一足だった。その設計思想自体は1996年まで遡る。

　デザイナーのトビー・ハットフィールドは当時駐在していた韓国で、足とシューズがけんかせず、スリッパのように快適なランニングシューズを開発コンセプトに掲げ、試作品を作っていた。ポイントはVノッチと呼ばれる、くるぶし脇に入れた大きな切れ込みである。これが蝶番(ちょうつがい)のように働くことで、シューズサイズより多少大きな足にもフィットさせられることから、サイズレンジをウェアのようにS、M、Lと簡素化し、より効率的で無駄のない生産が実現できるのを確信したという。

　1998年のアルファプロジェクトで、その流れを汲んだであろう「エア ガントレット」が発売される。特徴は、見た目こそ違和感を覚えるVノッチと、内部素材の継ぎ目を可能な限り取り除いたシームレス構造にある。ヒット作とは言い難いが、歴史的にみると優秀

写真20　ナイキ「エア ガントレット」。著者私物

なコンセプトモデルで、プロジェクトのゴールに近づいていることを実感できるモデルだった。

　こうしてサイズレンジの汎用性を発展させ、商品に結実したのが「エア プレスト」だ。

　1991年に発表されたハラチシステムは、ネオプレーン素材のアッパーがフィット革命を起こすも、通気性などにまだ改良の余地があった。

　これを解決するために、「エア プレスト」では医療用のスペーサーメッシュを採用。メッシュ部が縦にも横にも伸縮することで、極端なVノッチを必要せずとも高いフィット感を実現した。さらに「サイズミック」や「クキニ」を系譜とする、中足部のサポートを高める柔らかな樹脂のケージを採用。世界初となるXXS−XLのサイズレンジを展開した。

　色も「ブラック」や「レッド」といった従来のそれを使わず、「キャットファイト・シャイナー」（けんかの黒アザ）、「レイピッド・パンダ」（過激なパンダ）など、架空のキャラクターを色名とし、新作として過去最多となる全13色を同時展開。市場を盛り上げた。

モデル名の由来はマジシャンの掛け声である「プレスト！」。完璧なフィットを目指したミニマルな形状は、21世紀になってリリースされる「ナイキフリー」や「フライニット」へと受け継がれていく。「エアプレスト」は、ナイキからナイキへの、時代を越えた熱のこもったメッセージでもあった。

２０００年前後、シューズに込められた革新性を広める役割は、スポーツではなくファッションが担っていた。また当時のハイテクは、20世紀とは違う角度で機能を視覚化し始めており、むしろ服に合わせやすいミニマリズム傾向にあった。

またこの頃のファッショントレンドは、ネルシャツやパーカ、ジーンズを軸としたアメカジに、ア ベイシング エイプなどに代表されるキャラクター性を加えた裏原宿的スタイル、もしくはナイロンやポリエステルなどの化繊素材、ゴアテックスなどのテックファブリックを主役にした、シンプルで匿名性の強いスポーツ&アウトドアスタイルに二分。特にハイテクは、後者のファッションとの相性が非常に良かった。そしてそれを証明した第一人者もまた、藤原ヒロシだったことを付け加えておく。

モードとの融合

スニーカーが社会現象となったスニーカー先進国、日本。スニーカーにおいてしばらく世界の中心地の役割を担っていたが、21世紀に入った頃くらいから、海外ではそれとは違う文脈で新しい価値観が芽吹く。そのきっかけの一つは、スニーカーとモード界との融合にあった。

ここでのモードとは、パリやミラノ、ニューヨークなど世界各都市で行われるプレタポルテ・コレクションに参加し、ランウェイショーを披露するブランドのことを指す。そこで発表されるスタイルの数々が、ファッショントレンドの方向性を世界に提案している。

1980年代まで視点を戻すと、それまで女性貴族のための世界だったコレクションにメンズ・コレクションが加わっている。コムデギャルソンやヨウジヤマモトも参加したことで、日本国内でも注目を集めたものの、それでもまだ限定されたファッションコミュニティーの興味関心の域を出なかった。

それが1990年代になると雑誌メディアの発展により、コレクションの情報がより大きく広がっていく。その流れに沿うように、貴族のためのファッションだったモードの常識が変わり、カジュアル志向を見せるようになる。

特にマルタン・マルジェラといった、ベルギーのアントワープ王立芸術アカデミーで学んだデザイナーや、その隣国オーストリアで活動するヘルムート・ラングらによる、伝統的な意識を排除したコンセプチュアルなコレクションが新しい風を送り込み始めると、足元にスニーカーが台頭し始めた。

写真21　リーボック「インスタポンプフューリー」。著者私物

その先駆的事例はおそらく1995年、ウォルター・ヴァン・ベイレンドンクが、リーボックの「インスタポンプフューリー」をショーに使ったことだろう。そして、1980年代後半、そのウォルターのもとでインターンを経験し、マルタン・マルジェラのクリエイションに大きな影響を受けたラフ・シモンズが、初めて参加した1997年秋冬のパリ・コレクションで、モデル全員にコンバースの「オールスター」を履かせ、世界に大きなインパクトを与えた（1995年から行っていたプレゼンテーションでは、既にコンバースやヴァンズを履かせていたこともわかっているが）。

華やかなモードの世界と無縁なベルギーの片田舎で育ち、地元のレコードショップに流れる音楽で感性を育んだというラフ・シモンズ。彼は、旧態依然のファッションに迎合することはなかった。有名モデルが所属するエージェンシー経由でなく、自身がストリートでキャストした、スケートボードやパンクやロックに興じるティーンエイジャーを、スマッシング・パンプキンズやデヴィッド・ボウイの曲に合わせて颯爽と歩かせた。その瑞々しいモデルたちの足元に、黒いキャンバスのオールスターがぴたりとはまったのである。

あくまで特権階級に向けて形作られてきた閉鎖的なモードのランウェイを、1980年も前に誕生し、とうに市民権を得ていたボロボロのバスケットボールシューズが歩くことになるとは、この時までいったい誰が予想できただろうか。

ハイブランドとスポーツメーカーの協業

大きな流れを追うようにして、世界中でカジュアル化が急進すると、同時にハイブランドとスポーツメーカーの距離は徐々に縮まるようになっていく。

たとえばプラダは1996年頃からブラックナイロンが浸透し始めていたメンズ市場を相手に、プラダスポーツという新ブランドを展開。赤いブランドロゴを載せた、近未来的なスポーツシューズをヒットさせた。

逆にスポーツメーカーの側で積極性を見せたのはプーマだ。彼らはこの頃からジル サンダーとの継続的なコラボレーションを展開し始める。

もともとはジル サンダーが、プーマのサッカースパイクをショーで使いたいと熱望したのがきっかけと言われ、その結果、サッカーの神・ペレが愛した名作「キング」のアッパーに、ランニングソールを合わせた「アヴァンティJS」が商品化された。またこのコレクションをきっかけにニール バレットやアレキサンダー・マックイーン、そして日本のミハラヤスヒロといったコレクションブランドと、プーマは次々にコラボレーションを実現していく。

アディダスはヨウジヤマモトと結びつき、2001年からY-3をスタート。リーボックはオートクチュールのシャネルからオファーを受け、近未来感に磨きをかけたシルバーの「インスタポンプフューリー」をショー用に開発して話題となった。なおこのインスタポンプフューリーの一般販売は、同ブランドの「フランス製以外の商品は認めない」というポリシーから中止に。ごく僅かな業界関係者に配られただけの〝幻〟の一足として取り扱われている。

そしてナイキは2000年からジュンヤ ワタナベ・コム デ ギャルソンとの取り組みをスタート。アルファプロジェクトの看板アイテムだった「エア クキニ」を皮切りに、同ブランドとコラボレーションした「エア ズーム ヘイブン」「スーパーフライ」をリリース。この時はまだウィメンズを中心としたユニセックスサイズの展開だった。

特にコラボレーションアイテムの「エア ズーム ヘイブン」のホワイトカラーは時代の寵児、宇多田ヒカルがPVで衣装として着用し、話題となった。程なくしてコム デ ギャルソン・ジュンヤ ワタナベ マンがスタートすると、2003年にはヴィンテージマニアの垂涎の的、「ワッフルレーサー」を復刻させ、色の別注が登場。オリジナルとは似て非なる圧巻のカラーバリエーションを展開した。

日本のスニーカーマーケットとして、この頃はまだ裏原宿のパワーが減っていた。しかしその原宿から徒歩10分の位置にあったモードの街、青山とのファッション的な距離がぐんと縮まってもいた。たとえば、ア ベイシング エイプやアンダーカバーら、それまで裏原宿を拠点としていた人気ブランドが青山へ進出。そうした動きの中、スニーカーにもより高級感が求められるようになっていく。それは外的なデザインだけでなく、色や素材、アート性といった要素も含めて。

これはつまり、ストリート視点のラグジュアリーにより、既存のモデルがアップデートの必要性と向き合わざるをえなくなったことを意味している。

インターネットはスニーカーに何をもたらしたのか

1990年代中頃まで、もっぱら企業や一部の愛用者のためのものだったパソコンは、Windows 95 の登場をきっかけとして、一斉に一般家庭に普及した。さらにウェブブラウザーであるIE4（インターネットエクスプローラー4）が Windows 98 以降、標準ソフトとしてバンドルされたことでインターネットも急速に広がり、国境を越えて人々がよりスムーズに繋がるようになった。海外に比べ、当初の日本のインターネット普及率の高まりは緩やかだったと言えるが、それでもこうした変化により「パソコンとは個人レベルで所有するもの」といった認識が高まり、一方では各国の距離がどんどん縮んでいった。

そのような背景下、日本では1999年9月、誰もが手軽に出品・入札のできるインターネットオークション、現「ヤフオク！」がサービスをスタート。

当初はしっかり管理が行き届かず、詐欺やフェイク品の温床になるなど、やや無法地帯的に広がったイメージがあったものの、本人確認システムの導入や、知的財産権保護の取り組み、さらに法人の参入を受け付ける過程などを通じて次第にインフラが整っていく。するとそれまでショップ、もしくはフリーマーケットといったリアルな〝場所〟を経なければできなかったスニーカーの個人売買が、ネット回線が繋がればどこでも誰とでも、直接取引できるものに変わっていった。

その変化は、出品者側の立場から見ると、個人レベルでの小遣い稼ぎが手軽になったと言える。最低希望価格は設定できたものの、落札価格はあくまで落札者によって決まるというシステムは、若者、特に男性の興味関心を強く引いたとも言われる。これは2021年現在、個人売買の主流となったフリマアプリの類とは、似て非なる性質かもしれない。「自分の不用品が他人の宝物になる」という価値観の相違を楽しむ点においては共通項を見出せるものの、「メルカリ」に代表されるフリマアプリでは、不用品を処分し、身軽になりたいというリユース志向も顕在化している。一方、ネットオークションでは、「できるだけ高い値段で売りたい」という商売っ気や射幸心がかなり働いている。

その良し悪しはともかく、自ら審美眼を養い販売商品の希少価値を高め、落札者を煽り立てるオークションの本質は、スニーカーと、とても相性が良かったように思える。Mサイズ一つとってもブランドによって大きく寸法の変わる洋服と違い、靴の0・5センチ刻みのサイジングは、安心感を得やすかったことも、その要因だ。

落札者の立場で言えば、近所に取り扱い店舗がないような郊外の人だろうと、ゲーム感覚で気軽にスニーカーが買えるようになった。

何より、それまで一期一会の出会いしかなかった並行輸入モデルやユーズド品、ヴィンテージ品なども、サイズまで含め、自由に検索できるようになったことは劇的な変化であり、進化だった。店舗スタッフとの会話から情報を得たり、告知なき入荷日を狙って何度も店舗に足を運んだり、といったフィジカル頼りのハンティングで発展した1990年代と、欲しい一足をネットでピンポイントに探せるようになった2000年代は、スピード感という面でも絶大な違いがある。

それまでも、雑誌などのメディアを介しての個人間取引やメールオーダーサービスは存在していたが、取引完了までに多くの時間を必要とし、一方、ネットオークションはそれを劇的に短縮した。これはスニーカーに限った話ではないが、流行のスピード感はインターネットの浸透によってギアを一気に、以後は通信システムの高速化と比例して加速していった。

愛好者にとってのスニーカーとは、苦心してようやくつきあうことができた恋人のようなものだ。しかし流行のスピードが高速化したことで、愉悦する時間が失われると、一つのスニーカーに対して、消費者は熱しやすく、そして冷めやすくなってしまった。

1995年に発売された「エアマックス」のように、数年にわたって1モデルがトレンドを牽引し、社会を動かすブームとなるような時代は、最早訪れることがなくなった。限られた情報を頼りに、情熱と金を捧げた追憶のあの日々は、もう戻ってこないのである。

第五章

変容するスニーカー

ストリートとともに

なぜ「ダンク」はストリートを支配できたのか

停滞したマーケットの鬱憤を晴らすかのように、ミレニアム前後、数々のナイキの新作スニーカーが投下されたが、実際の2000年代のスニーカーシーンで最も気を吐いたのは、むしろ過去の名作「ダンク」だった。1999年に「CO.JP（コンセプトジャパン）」と呼ばれる日本企画で復刻されて以来、「最も希少なヴィンテージ」という立ち位置から「最も貴重なストリートのアイコン」へと、その意味合いを変えていったのである。

前提として、ファッションで言えば、全身古着のヴィンテージ系と、裏原宿に代表されるストリート系は、いずれもボトムスの主役がジーンズという共通項があったため、「ダンク」というオーソドックスなスニーカーは、ともにスタイリングしやすい点がある。

裏ダンクの復刻が成功を収めてすぐ「ダンク ロー プロ」という、地味だが新しい「ダンク」が限定発売されている。アッパーは極めてシンプルなスウェードと表革。真空パックのように膨らんだシュータンと、その形状を安定させる内側のゴムがその特徴だった。

なお1997年頃から、各スポーツメーカーはスケートボードやスノーボードなど、盛り上がりを見せるエクストリームスポーツに呼応したプロダクトを製作していた。この「ダンク ロー プロ」もその一環で、ここでの「プロ」とは低重心を意味する「プロファイル」の略称である。

その後、2002年にナイキ SB（ナイキ スケートボーディング）ブランドが発足。スケーターをアスリートに迎え入れ、彼らの意見をプロダクトに反映させた「ダンク ロー プロSB」が発売される。以降、契約ライダーや権威あるブランド、影響力の強い専門店にナイキ側がカラーリングを託す手法が定着し、ストリートでの存在感を高めていった。

ナイキは2001年、ストリートブランドであるステューシーとのコラボレーションを発表。母校に忠誠を示すべく、2色で構成した「ダンク」のオリジナルから一転、本作では、ブラウン系にオストリッチのエンボス加工、ブラック系にスネークのエンボス加工をそれぞれ施した、ワントーンの高級感あるルックスが反響を得た。

アスリートのパフォーマンスを向上させるという意味で、理想的な素材のほとんどが、合成皮革や化学繊維で占められるのに対し、ナイキとステューシーは「動物の革＝貴重な高級素材」という認識をスニーカーに加え、革製のブランド品と同様の価値観を与えた。第四章で述べたように、当時、モードとストリートの距離が急速に縮まっていたこともあり、こうしたコラボレーションの成功が、スニーカーのブランド志向を強めていく。

アメリカ西海岸的な陽気なサーフやスケート、音楽カルチャーを包括するステューシー本来の特長を考えるに、グラフィカルなタギングやグラフィックを使った方が、マーケットの反応を読みやすかっただろう。それがロゴすら使わない、とことんシックな体裁にまとめ上げられていたのも、その時代の空気の表れだったのかもしれない。

スニーカーにおける「感度」の高まり

さらに冬の時代を乗り越えた要因として、影響力のある小売店が、それぞれの個性的なセレクトで仕掛けた、間断なきアプローチの存在も無視できない。

たとえば上野のミタスニーカーズは、かつての並行輸入を中心としたラインナップから移行、徐々にメーカーとの直接取引に比重を置くようになっていた。特に彼らが重視した形態がメーカーとのコラボレーションだ。

限りあるモノをかき集めて売るような早い者勝ちビジネスではなく、自分たちで生み出した確かなモノで勝負をする。実際、宝探しよりも宝作りの方がはるかに効率的で効果的だ。

加えてミレニアム前後からは、雑誌メディアなども、それまでの「どうやって手に入れるか」というコレクション的側面より、「誰が選び、どう履いているか」という感性的な側面をより重視し始めた。コレクターよりクリエイターが厳選し、所有する物に注目が集まるようになっていたのである。

ミタスニーカーズでクリエイティブ・ディレクターを務める国井栄之の若い感性は、そうしたリアルを感覚的に理解していた。国井はマーケットに旋風を起こすべく、裏原宿の重鎮的存在となっていたブランド、ヘクティクと結びつき、ニューバランスとのコラボレーションをスタート。ベースに選んだモデルは、トレイル系の500番台の中でも、マイナーな日本企画の「580」だった。

もともとはミタの店舗でワゴンセールにかけたほど売れ残っていた同スニーカーを、ニューヨークから訪れたシュプリームのクルーが買い漁る、その姿を目の当たりにしたのがきっかけだったという。感度の高い人が目を付けた無名のスニーカー、それを素材やカラーリングの改変により、付加価値を付けて世に送り出す。そうしたストーリーも、ヘクティク×ミタスニーカーズ×ニューバランスが作り出した「MT580」の妙味だった。

2000年12月に第一弾が発売されると、その後は半年ごとに新色がリリースされ、大きな話題となる。次第に藤原ヒロシの感性がトレースされた期間限定ショップのレディメイドとヘッド・ポーター、そしてヘクティクでリリースされる特別なナイキやニューバランスが、各地で行列を生み出すようになっていったが、こうした高感度な小売店の動きが、新たな東京発スニーカーブランドの誕生に誘発していく。

たとえばかつてバートンに在籍し、グラビスを手がけていた中村ヒロキが独立して立ち上げたビズビムは、藤原ヒロシらの紹介を機に世間から注目されると、デビュー時から〝手に入らないスニーカー〟というイメージを植え付けた。特に、流行を発信するクリエイターたちが愛用していたエルメスのカジュアルなスリップオン型「ターボ」をストリート的に解釈したようなデザインが、あらためて高感度な層に刺さった。

また、ヒップホップカルチャーの今を巧妙に表現したマッドフット！もヘクティクなどの人気ショップと結びつき、原宿に新風を吹き込んだ。デザイナーの今井タカシは、1990年代に培ったスニーカーのバイイング経験と自身のルーツであるオールドスクールの概念を結びつけた靴作りを行い、シェアを獲得した。

英国の老舗メーカーで靴作りのノウハウを学んだ8M（アトム）が立ち上げたブランド、タスは、ローテクなアッパーにゴアテックスを採用するなど、専業メーカーからは生まれない、ドメスティックブランドならではの斬新な発想を世間に提示した。タスは数々のファッションブランドと結びつき、後にコムデギャルソンとのコラボレーションも実現している。

東京で起きた小売店の快進撃

チャプターもこの頃、急成長を遂げた代表的な小売店の一つだ。

日本未発売、海外限定といった〝キラーワード〟を冠した並行輸入モデルで埋め尽くされた店内は、若者から強い支持を受けるとともに、その面積も次第に拡大。1996年、裏原宿の中心に移転オープンした。表参道沿いのウェンディーズから入ったところにある一本道は、かつてアメカジ人気を牽引した名店の名にちなんで「プロペラ通り」と呼ばれたが、2003年に同店がクローズした後は、スニーカー好きの間で「チャプター通り」と呼ばれるほどの賑わいを見せ、ストリートスナップの定点スポットになった。

チャプターを運営するテクストトレーディングカンパニーは、国内正規展開品で構成する小売店、アトモスを2000年にオープンした。壁に設けた55のマス内にスニーカーを並べるという、余白を生かしたレイアウトは、詰め込み型のチャプターとは正反対の発想で、ストリートの物欲を刺激した。雑多な中から宝物を見つけるトレジャーハンティングが並行輸入ショップの醍醐味ならば、アトモスは自分たちが見定めた宝物を並べることで、ショップとカスタマーの主従関係を明確にしたブランディングが斬新だった。

直接取引によってメーカーとのリレーションを築いていた代表・本明秀文は、オープン初期に「ダンク」と「エア フォース 1」をナイキに別注した。カラーリングはヴィンテージ市場で最も高嶺（たかね）の花だったバッシュ「ターミネーター」をソースにしつつ、裏ダンクのコンセプトを踏襲し、両モデルにそれぞれ反転させた。具体的には、ジョージタウン大学カラーより紺と灰の色味を淡くし、色調をワントーンに近付けて、オリジナルにはない新鮮味を打ち出したのである。

しかしコートシューズがストリートで復権し始めていた一方、ランニングシューズは引き続き低迷していた。特に一世を風靡した「エア マックス」系も、「エア マックス 95」などの手堅いカラーバリエーションが断続的にリリースされる程度。新作は、むしろストリートとの距離を遠ざける、シリアスなアスレチックデザインばかりだった。

この頃、ストリートの心を掌握するために優先されたものは、１９９０年代に見られたツールユニットの進化やアッパーの先進性のような〝機能〟ではなくなっていた。ある程度落ち着きを見せていたシーンが求めたのは、ストリートに適応性を持たせた「ヴィジュアル」

だった。そして、その距離を埋める解決策こそ、コラボレーションだったのだ。

アトモスは、全世界で初めて「エア マックス」でのコラボレーションを実現したショップである。彼らは初代「エア マックス 1」をフックアップし、「エア サファリ」に用いられたアニマルパターンをマッドガードに施しつつ、「エア アプローチ」のアウトドア的な配色をミックス。俗称「サファリ」という起爆剤を調合する。

この魅力は、起用されたモデルがすべて〝1987年生まれ〟という裏テーマにこそあるだろう。ストーリーによってデザインに奥行きを持たせ、ユーザーの心を摑もうという「サンプリング」。その発想は、長く培ってきたスニーカーへの深い愛情と知識なくしてはありえない。そして新参ショップながら、こうした前代未聞のコラボレーションをナイキと成功させ、本明はスニーカーの歴史にその名を刻んだのである。

ファッションとしてのスニーカー

なお「ファッションの一部」として、あらためて大きな力を持ちえたミレニアム以降のスニーカーマーケットは、アスレチックシューズをファッションに転換した当時のそれとは、大きく意味合いが異なる。

ナイキもこの頃に「フュージョン」というカテゴリを定め、ライフスタイル市場を狙う復刻モデルや、スポーツと違う視点、環境や社会問題にも向き合う、ユニークなコンセプトシューズをラインナップした。アスレチックシューズは今まで通りにスポーツショップで、一方「フュージョン」はセレクトショップやスニーカーブティックでと、取り扱いと分けることで、自分たちの作るシューズの目的や立ち位置を、明確に打ち出し直したのである。

たとえば、最新形の「エア マックス」はスポーツシューズだが、復刻の「エア マックス」はファッションアイテムである。その区別を、消費者に語らずとも刷り込んでいこうとした。そこにはメーカーのアンコントロールが招いた過剰なブームと、ゆりかごのような反動の来た冬の時代の経験も大いに生かされたと言えよう。

アディダスも、2000年にスポーツ・ヘリテージという部門をグローバル規模で開設している。

第二章に詳しく記した通りだが、もともとアディダスは、復刻ものを中心としたクラシックモデルに月桂樹の冠モチーフのトレフォイルロゴを、最高峰の機能を持たせたアディダスエキップメントシリーズにBOSロゴをあててきた。その流れをベースに2001年にアディダス オリジナルスをブランド化したことで、パフォーマンスラインとそのほかを、より明確に切り分けたのである。

なお、トレフォイルのロゴは古代スポーツの勝者に与えられる月桂樹から発展したデザインであるのに対して、パフォーマンスラインのロゴは象徴的な3本線を山脈になぞらえ、頂上を目指す意味を込めて右肩上がりのデザインになっている。そして1996年には、コーポレートロゴを前者から後者に切り替えている。

機能主義で職人気質なドイツブランドというイメージがある一方、アディダスはほかのスポーツメーカーと比べて「復刻」を大切にしてきた。「スタンスミス」を履いたデヴィッド・ボウイ、「スーパースター」を履いたRUN-D.M.C.、「ライバルリー」を履いたパブリック・エナミー、「キャンパス」を履いたビースティ・ボーイズ、「ガッツレー」を履いたジャミロクワイ、アディダスをライフウェアとして身にまとっていたオアシスやキース・リチャーズ、ポール・ウェラーにイアン・ブラウン……。

そうした音楽やファッションとの結びつきが、思わぬ人気に飛び火する効果を1980年代から実感し続けていたこと、そしてヴィンテージや復刻モノをきっかけに、世界中の若者たちへトレフォイルロゴが浸透したと確信できたことが、パフォーマンスラインとその他の切り分けの背景にあった。

ともあれ、長い間「技術革新こそが前を向くこと」と信じてきたメーカーも、冬の時代を抜け、21世紀に向けて新たに舵を切り始めた。

神格化する藤原ヒロシと進むプレミアム化

藤原ヒロシは、日本のストリートにおいて、センス、知識、先見性、影響力を長く持ちえた存在である。カルチャーの最前線で触れた様々な情報や感覚を、誰よりも早くリミックスし、新しい文化を作り上げてきた藤原そのものが、「裏原宿」と呼ばれるムーブメントの震源地だったと言える。

２００１年にアーティスティック・コンサルタント契約を締結。つい数年前まで、日本中を熱狂させていた世界一のスポーツメーカーが、名指しで「藤原ヒロシ」という、たった一人の存在を求めたのである。

そのストーリーに、ストリートはあらためて彼を神格化した。２００６年から15年間にわたり、ナイキの社長兼ＣＥＯを務めたマーク・パーカーも前出の『Sneaker Tokyo vol.2 "Hiroshi Fujiwara"』のインタビューにおいて、「デザイン、スタイル、カルチャー、テクノロジーなど様々なことに対して、（藤原は）優れた洞察力を持っている。それをナイキのデザイン、テクノロジー、スポーツなどと融合させることで、ユニークなデザインの視点が生まれると考えています。私たちはコラボレーションを通じて、過去にあったデザインをまた違ったかたちでよみがえらせることもあるし、まったく新しいテクノロジーを紹介することもある」と述べている。

ナイキは、マーク・パーカー、そして伝説的デザイナー、ティンカー・ハットフィールドを加えた、3名のイニシャルを並べたコードネーム「HTM」を2002年にコレクション化。そのコンセプトは「リビジョン」だった。

これはつまり、単純に復刻ではなく、既存のものに新しい価値を吹き込むというもので、メルセデス・ベンツのチューニング部門、AMGからインスピレーションを得たとされる。既に価値あるモデルにカスタムを加え、高級なパッケージとして再定義してきたAMG。本社工場の地名の頭文字を並べたネーミングメソッドもHTMと一致しているが、AMGが車好きにとっての至高であるように、HTMは、ストリート目線で見たスニーカーの至高となっていく。

藤原の、ある意味オーセンティックなそのスタイルは、まさしく当時のストリートの規範だった。カジュアルとハイブランドを並列で捉え、自分の感性に基づいてミックス。それを多色使いすることなく、あくまでシンプルに表現する。ＨＴＭはその時代、その時代の藤原が等身大で表現されたコレクションでもあった。

またこの頃から「カスタム」的な志向も世界的に目立つようになり、ルイ・ヴィトンやグッチの革生地をスウッシュや補強パーツに置きかえるという、よく言えば非公式、悪く言えばナイキのフェイクが海外で多く見られるようになっていった。

権威あるニューヨークのセレクトショップ、ユニオンでもアーティストが手がけた３００ドル以上のカスタムされた「エアフォース１」が飛ぶように売れ、個人がネットオークションなどで売るカスタムスニーカーの数も増えていた。成り上がりのヒップホップカルチャーと、ストリートのハイエンド志向。それが結びついて起きた現象だった。

そうした渦中に初めてリリースされたＨＴＭの一足は、モザイクアートのような形状を使った「エア ウーブン レインボー」。そこから間髪を入れずに「エア モック ミッド」と「エア ウーブン ブーツ」が約1ヶ月の間に発売された。

さらに高級素材でアップデートした「エア プレスト ローム」と「エア フォース １」をリリース。年間を通じ、コレクション人気に拍車を掛けるようなアイテムを極めて限られた店舗で、次々とマーケットに投下した。

HTMが大きな話題を提供する最中、ナイキ本体も、皮張りのソファから着想を得たとされる「ダンク ハイ プレミアム」をリリースしている。茶色の上品なカーフレザーは、一連のHTMの下位互換的なモデルで、並行輸入で、比較的容易に仕入れることができた。プレミアムというモデル名や「頑張れば手に届く」という絶妙な立ち位置が、その人気を下支えした。

ナイキSB誕生

1990年代、メーカー同士のテクノロジー競争が激化したことで、装飾過多とも言えそうなデコラティブなスニーカーが生まれ、多くで視覚と体感のバランスが崩れた。皮肉にもそれがスニーカーブームの要因になったわけだが、ナイキにおいては、マイケル・ジョーダンとの取り組み以来、契約アスリートが本当に必要とする機能を可能な限りシューズに詰め込むという姿勢がより強まっていた。

その意味で、スケーターが本当に必要とするシューズを考えたとき、ベースになったのは「ダンク」だった。ローカットのデザイン、エア非搭載の薄いフラットソール、補強のレイヤーの塩梅(あんばい)。いずれも実にスケートにフィットしていた。藤原ヒロシはもちろん、アメリカのキッズスケーターたちに「ダンク」は愛用されていたことが何よりのエビデンスだ。そうしたクラシックな「ダンク」を更新し、力学や機能性を突き詰めた先に生まれたのが、ナイキSBの「ダンク」だった。

遡って1995年、ナイキは「ズーム エア」というクッショニングシステムを開発していた。「ズーム エア」はユニットの内部を高圧に設定し、ナイロン繊維を上下に引っ張り合うように広げることで、大幅な薄型化に成功。その過程で加わった張力が、反発性という新しいベネフィットを生み出した。

初期は「テンシル エア」と呼ばれ、レーシングシューズやフットボールシューズなど反発性やスピード感を追求するシューズに用いられた。ちなみに初採用モデルは日本人ランナーのフィードバックを得て開発された長距離用シューズの「エア ストリーク」。2021年現在、各種マラソン大会や駅伝で圧倒的なシェアを誇るナイキの厚底のランニングシューズにもその仕組みが搭載されている。

「ズーム エア」は「マックス エア」と同様、ヒールから始まりフォアフット、そしてフルレングスへと形状が変わったが、1996年にアスリートの足の動きを解剖学的に分析し、足の動きに応じ、四つのポッドで構成した「アナトミカルポジション ズーム エア」を発表。足の動きに応じ、適切な位置で最適なクッションを提供できるようになった。それを1996年の「エアズームアルファ」、1997年の「エアズーム スピリドン」、「エアタラリア」といった新しいデザインのランニングシューズに搭載。その革新性を伝える重要な役割を担ったものの、当時は知る人ぞ知るモデルの域を出なかった。

エクストリームスポーツ全般に言えることだが、1990年代のスケートシューズはファットの一途を辿り、重量は増えていった。スケーターのパフォーマンス向上という面においてそれは不適切では、と疑問を抱いたナイキは、オリジナルの「ダンク」に倣い、ソールの存在感を最小限にしようとした。

そこで、まず耐久性に優れたガムソールと、トラクション性の高いヘリンボーン・パターンを採用。やや粘着性を持たせることで、スケートへの最適化を図った。さらに、厚さわずか4ミリで優れたパフォーマンスを生む「ズーム エア」に着目した。

しかし「ズーム エア」はコストがかかるため、一般的なスケートシューズとの価格競争では不利になってしまう。その問題を解消すべく、ナイキ SBは生産量をあえて減らし、販売店を限定することで、ステートメント性を高める戦略をとった。つまり、シンプルなデザインを維持する代わりに、人気ブランドやライダーが配色やグラフィックを提案するという点で商品価値を高めようとしたのである。

世界で最も入手しにくいスニーカー

あらためてその歩みを記せば、ナイキ SBの販売戦略は従来のそれとはかなり異質で、それまでのストリートを挑発するかのごとき、強引さすら感じさせるものだったが、果たして想像以上の盛り上がりを見せた。

第1弾として発売されたのは6色のローカットモデル。ダニー・スパやジーノ・イアヌッチ、リース・フォーブスらプロスケーターによる提案カラーと、チョコレートなどのスケートブランドとの共同企画が登場した。続く第2弾ではハイカットが発売に。補強部にグラフックを載せたスケートブランド・ズーヨークによる提案カラーを除けば、落ち着いたカラーが中心となった。特に後者はデニムやウィートカラーの服などとの合わせやすさも手伝い、幅広い層から支持される。初期カラーは日本未発売という希少性も押しとなり、日本のストリートで大きくブレイクした。

スケートカルチャーの伝統的な表現手法であるパロディーも、その人気を過熱させたと言える。オランダのビールで、スケーターの大好物であるハイネケン。アニメ「ザ・シンプソンズ」のホーマー。映画「スター・ウォーズ」シリーズのジェダイ。そして麗しいティファニーブルーなど、商標権の関係でナイキ側が公式にアナウンスすることはないものの、一目でわかりやすいネタ元を用意したことがストリートから好意的に受け止められた。

さらにスケートとは切り離せない音楽との結びつきも強め、デ・ラ・ソウルやパスヘッド、メルヴィンズといったミュージシャンの提案モデルもリリース。顔ぶれも多彩だが、何よりそれぞれが凝ったデザインを披露することで、ダンクはアートのキャンバスのように扱われ、クリエイティブの可能性を無限に広げていったのである。

写真22　ナイキ「ダンク ロー プロ SB シュプリーム別注モデル」第1弾。WORM TOKYO 提供

日本での正式発売としては、2002年11月、海外からやや遅れる形でシュプリームの別注モデルがリリースされた。

1994年、ニューヨーク・SOHOのラファイエットストリートに1号店を構えたシュプリームは、世界中のストリートからリスペクトされる創造の泉であり、ナイキ SBにとって、発足時からパートナーシップを組む最重要ブレーンの一つとなっている。

別注モデルの第1弾はエレファント（セメント）パターンを補強部にあしらい、ティンカー・ハットフィールドが初めて手がけた「エア ジョーダン 3」にオマージュを捧げた一足に。翌年リリースした別注第2弾は、オリジナルのカレッジカラーを彷彿とした3カラー展開で、金色の星をサイドにちりばめ、ゴールドのディブレが主張した。いずれも1980年代のオールドスクール的ヴァイブスを、現代に昇華させたものだ。

日本においてのナイキ SBは、そもそも発売が世界の後追いとなっていたことや、話題に事欠かない展開を続けたことで、購買意欲を限界まで高めることになる。また、アメリカにおいても販売チャネルを絞ったことで、並行輸入の相場が高騰。セカンドマーケットも含めて大いに盛り上がることになった。

すると、この頃からインターネットなどで示される「444足限定」など、生産足数自体が煽り文句となり、さらには発売日の情報がネット上で事前告知されるようになると、行列が各地で発生。ナイキ SBの「ダンク」は「世界で最も入手困難なシューズの一つ」としてスニーカーヘッズたちに認識されるようになっていく。

ホワイトダンク展の意味

ナイキSBの勢いはとどまらない。

2004年1月、ハイブランドのショップが軒を連ねる南青山のみゆき通り沿いに、体育館のように巨大な、ナイキSBのシューズボックスの形をした建物が設営された。これはホワイトダンク展と呼ばれる巡回展の会場で、日本では25名のアーティストが真っ白なキャンバス素材の「ダンク」を使ったアートワークを制作し、展示した。

バスケットコートにストリート、そしてスケートパークと、あらゆるフィールドで躍動した「ダンク」が美術館にまで進出したことは、ナイキSBのとった戦略やマーケットの反応を見れば、不思議な成り行きではなかったかもしれない。インスピレーションとイノベーション（創造と革新）の結びつきを探究したこのプロジェクトは、語り継がれる「伝説のエキシビジョン」となる。

この巡回展を記念して、三つの都市をフォーカスした限定の「ダンクSB」が発売された。ベルナール・ビュッフェの作品をオマージュし、一足ごとにパターンの異なるグラフィックを施した「パリ」。雨が多い鬱蒼とした街並みを連想させるグレースケールのアッパーに、テムズ川の流れを刺繍した「ロンドン」。そして油絵を描くために用いられる生成りのキャンバスをアッパーに使い、アートが生まれる前のプレーンな画布を表現した「東京」。たった202足限定という非売品的な扱いもあって、10年以上が経った今も、その価格は高騰したままだ。

ホワイトダンク展は「『ダンク』とはアートで、珍重すべきもの」という鮮烈なメッセージを、ストリートに提示する取り組みであった。「手に入りにくいものほど欲しくなる」という意味では、1990年代も2000年代もその根幹に大差はない。しかしそれでも、シューズというアイテムに芸術的な評価基準まで与えたナイキ SBは、ストリートの視野を広げ、その感性を一定のレベルまで引き上げる役割も担った。

ストリートでは、表層的なデザインの好き嫌いのみに囚（とら）われず、裏側に隠された開発ストーリーやコンセプト、起用されたアーティストたちまで深く知るというエデュケーションが求められていた。それに「ダンク SB」は貢献した。そしてこの頃から、スニーカー好きがそれぞれのシューズの美学を語り合い、価値観を共有しようとするコミュニティーがより存在意義を増していく。

〝履かない〟スニーカー

迎えた2005年はダンクの20周年で、インターネット内のカスタム工房、ナイキ iDの開設5周年でもあった。この二つのアニバーサリーによって生まれたプロジェクトがダンク・iDだ。その第2弾として登場したのが〝ホワイト〟をテーマとした、スムース、パテント、オストリッチという3種のレザーで組み換えが可能な「ダンク ロー」である。日本限定で登場したこのパターンは、シュータンに日の丸をモチーフとした3種のグラフィックが選択できた。

この年最大の目玉は、ニューヨークで発売されたステイプルデザインによる「ダンク SB」の〝ピジョン〟だった。ニューヨークの街を象徴する鳩のモチーフがヒールに刺繍され、わずか150足限定と噂されたこの「ダンク」を手に入れるべく、発売日の数日前からテントや寝袋を広げての行列が生まれた。

集まった人々が暴動を起こしそうになるとニューヨーク市警と機動隊が取り締まり、店前では危険を避けるべく、イエローキャブを待機させて購入者を誘導する。それら厳戒態勢がCBSやNBCニュースで報道され、ニューヨーク・ポストの一面を飾ったりしたことで、「希少なスニーカーの発売はハードなイベントになる」という感覚が、世界中のスニーカー好きに浸透していく。

またこの頃から奇抜なデザインの「ダンク」が増えていった。

たとえば海外のメディア『SOLE COLLECTOR』のイベントで発売された226足限定の「ダンク」は、5種の素材と7色のマルチカラーで話題を呼んだ。2007年には過去に発売されたダンク SBの象徴的な色と柄を組み合わせた「WHAT THE DUNK（ワット・ザ・ダンク）」が発売に。左右非対称のクレイジーなルックスはコレクタブルな記念品として珍重されるも、「街履きのスニーカー」としての存在意義はほとんど失われていた。

鑑賞用としての価値が高まると、自然な成り行きとして、やはりコレクタブルな存在であるフィギュアの世界観と親和性が高まっていく。

フィギュアメーカー、メディコム・トイとコラボレーションした「ダンク SB」は会員限定で販売され、欲望を強く喚起することに。また、フィギュアアーティストであるマイケル・ラウとのコラボレーションは、彼の使い古したスケートボードをイメージした木目調のデザインを採用。フィギュアとともに特製の木箱に梱包し、香港限定でリリースした。

豪華で貴重な付属品が増えるほどに、人はスニーカーを汚し、履き潰すことに抵抗を覚えるようになる。反面、オブジェのように飾るインテリアの一部、もしくは売買するだけの投資対象としての価値はますます高まっていった。

ちなみにこの本を執筆している2021年4月現在、〝ピジョン〟も〝マイケル・ラウ〟も、そして〝ワット・ザ〟も、取引価格は100万円以上であることをここに補足しておく。

あらゆるものと結びついた「エア フォース 1」

「ダンク」と切磋琢磨するかのごとく、2000年代初頭のナイキを盛り上げた一足が「エア フォース 1」だった。

ミレニアム前までは、フットロッカー、フットアクション、チャンプス、フィニッシュライン、JDスポーツなど、欧米に点在するありとあらゆるチェーンストアで限定発売されていた日本未発売カラーが市場を盛り上げたが、21世紀に入るとそれは一転。ヒップホップカルチャーをはじめ、各シーンで地位を保つことにより、ユーザーの幅を広げるという戦略へと舵を切る。

コラボレーション先も、各界の旗手にとどまらず、ありとあらゆる対象を包括するような勢いで広げていった。たとえば「ダンク」の場合、影響を受けたスケートとアートを軸としてその幹を太くしたのに対し、「エア フォース 1」はむしろ、ヒップホップやバスケットボールという大きな幹から外へ枝葉を伸ばすように、普遍的な地位を目指したのだった。特に『Air Force Ones』（Universal Music）という楽曲をリリースしたネリーにエミネム、さらにジェイ-Zが所属するロッカフェラ・レコードなど音楽シーンへのコミットは強固に進めた。また日本では2019年に久々に復活したニトロ・マイクロフォン・アンダーグラウンド、女性アーティストのミンミなどとコラボレーション。ヒップホップシーンの中心を精力的に攻めた。

出自であるバスケットボールでは、NBAのレブロン・ジェームズ、ヴィンス・カーター、ラシード・ウォーレスらのシグネチャーモデルを次々に開発。特に「エアフォース 1」が1982年に誕生した際、広告塔を務めたモーゼス・マローン、その再来と騒がれたラシード・ウォーレスについては、多くのバリエーションを用意。ラシードが武器とするフェイダウェイシュートのシルエットをヒールサイドに刺繍したハイカットを中心に、20以上ものパターンで展開した。

オールスター記念やコービー・ブライアントとのコラボレーションなど、関係者のみに配布する〝フレンズ&ファミリー〟も多く作られた。これらは販売目的でなく、通称〝プロモ〟とも呼ばれるもので、数少ない流通が市場を刺激した。それ以外にもNFLや野球など、他の球技をフィーチャーしたモデルやサッカーワールドカップ、夏季五輪などをテーマにしたカラーも発売した。

アメリカの祝祭やイベントを記念したモデルも作られている。バレンタイン、セント・パトリックス・デー、カーニバル、イースター、独立記念日、ハロウィーン、ブラックヒストリーマンス、クリスマスなどが発売。プエルトリコ、ウェストインディーズ(西インド諸島)、メキシコなどアメリカ近隣諸国をモチーフにしたモデルは、ニューヨークで行われたパレードに結びつけてデザイン。植民地支配や貧困問題に直面してもたくましく生きるマイノリティーなカルチャーを、シューズを通じてサポートした。

都市限定カラーも、さらに広範囲に、且つ細分化した。ニューヨークだけでハーレム、ブルックリン、ブロンクス。州を出たらフィラデルフィアやシカゴ、デトロイト、ボルチモア、そして対岸のロサンゼルスまで幅広くラインナップ。ナイキがサポートするチームの本拠地や契約選手の出身地のカラーなど、エリア限定モデルもリリースしている。

アメリカの外に目を向ければ、日本ではミタスニーカーズ別注の温故知新シリーズや上野限定モデルを「CO.JP」で展開、さらに市場の成長著しい中国については干支シリーズをリリースした。それまでのアジアにおいては、「東京」のストリートシーンを中心に展開してきたナイキであったが、さらなる開拓をするにあたり、この「エア フォース 1」は貢献した。

これらの羅列もほんの一部でしかない。しかしこうしたあらゆるものとのコラボレーション戦略は、やや乱発気味と言えそうなところもあったが、それぞれのセグメントにおいては、非常に効果があったと言える。

国やジャンルを問わないワールドワイドな展開は、ターゲットを限定することなく、多くの新規ナイキファン獲得に成功した。音楽、バスケットボール、裏原宿とストリートに関連するカルチャーを広範囲にカバーできたことはメーカーにとって大きい。

さらに、限定モデルを買えなかった失意のユーザーを、ナイキは広く一般に流通しているインラインモデルで回復させんと試みる。2002年、日本国内で「エア フォース 1」のローカット（オールホワイト）の販売を開始した。税抜き定価9000円は、当時の並行輸入品の相場の半額程度。まだまだ高嶺の花だったアイコンが、誰にとっても身近な存在となったことで、このトレンドは一気に加速した。

それこそABCマートをはじめ、全国展開されるチェーン店でも買うことができるようになったため、学生服の足元やウィメンズ市場にも進出し、低年齢化も進んだ。が、ブランドやステータスが落ちないような宣伝戦略を通じ、消費者を巧妙に巻き込んでいたこと、さらには、各ジャンルのヒエラルキーの頂点を摑み続けたことでその価値を失墜させずに、マス化に成功した。

幹を太くした「スーパースター」

アディダスにはナイキの「エア マックス」や「エア ジョーダン」のように長期シリーズ化されたモデルがない。テクノロジーの追求という視点から進化の系譜を作りにくいのか、その分、モデルの個のパワーで勝負してきた節もある。アディダス オリジナルスなどのパッケージなどを通じ、一足一足をきっちり表現していくことで世界観を構築していった。

そしてアディダスは「過去の遺産を正しく伝える」という視点に立ち、マーケティングを強化してきた。ブルドーザーのように力任せに掘り返すように復刻するのではなく、現代のエネルギーと結びつけ、新しいものとして慎重にクリエイトする。その一つの成果がロンドンに拠点を構えるアディダスＵＫの企画で実現した、日本のファッションブランド、ア ベイシング エイプとのコラボレーションだ。

ストリートにラグジュアリーを融合させることで世界中を賑わせてきたNIGO® による

ア ベイシング エイプは、極めてヒップホップ的マインドを持ちながら成功を遂げたブランドだったと言える。加えて1980年代にデフ・ジャム・レコーズと契約を交わし、RUN-D.M.C.をはじめとする所属アーティストがアディダスを愛したという史実。それを21世紀的なやり方で再現したのが、2003年のプロジェクトではなかったろうか。

選ばれたモデルは3パターンの「スーパースター」と、1974年に誕生した「スーパースケート」。それぞれ、アディダスの伝統とオリジナルへの忠実さ、そこにア ベイシング エイプらしい記号的なグラフィックが融合したことで完成したデザインは、わかりやすくクラシックで、ストリートで、ラグジュアリーだった。革やスウェードにはタンブル加工を施すことで高級感を出し、イタリアから輸入したスネークスキンを採用。ア ベイシング エイプ側からは、オリジナル生地として、シューズの使用に適正かどうかを厳しくテストしたカムフラージュ柄のスウェットを持ち込んでいる。

2005年には、スーパースター35周年の一大プロジェクトが話題を集めた。「コンソーシアム」「ミュージック」「エスクプレッション」「シティ」「アニバーサリー」という五つのシリーズを設け、そのカテゴリに該当する七つのコラボレーションを企画。つまり5×7＝35モデルを用意して、35周年を祝うという壮大な花火を打ち上げた。

「コンソーシアム」とはアディダスがこれまで友好的なパートナーシップを結んできた、影響力のある取り扱いショップやブランドを指す。ロサンゼルス発のアンディフィーテッドやユニオン、香港のD-MOP、日本は裏原宿の重鎮的存在であるネイバーフッドが選ばれた。「ミュージック」はこれまでアディダスと縁のあったアーティストを意味する。RUN-D.M.C.はもちろん、ロッカフェラやバッドボーイといったヒップホップ系レコードレーベル、そしてミッシー・エリオット、さらにレッド・ホット・チリ・ペッパーズやアンダーワールド、元ザ・ストーン・ローゼスのイアン・ブラウンなど、様々なシーンから錚々たるアーティストが名を連ねた。

「エスクプレッション」は、アンディ・ウォーホルやディズニーのグーフィー、さらには『キャプテン翼』（高橋陽一著、集英社）など、多彩な作品群と結びついている。

「シティ」は、1970年代に都市名のトレーニングシューズをリリースしていた過去の「シティシリーズ」に倣ったもの。ベルリン、パリ、ロンドン、ニューヨーク、ボストン、ブエノスアイレス、東京と、世界のファッションシーンに強い影響力を持つ都市をフィーチャーしたデザインを披露した。

ヒップホップカルチャーと強く結びついた2社を代表する「スーパースター」と「エア

フォース１」は、２０００年代以降に特異的なネットワーク網を作り上げ、よりメジャーな存在へと飛躍した。そのことを言い換えると、スニーカーがあらゆるジャンルをユニット化する〝ハブ〟のような役割を果たしたと言える。

かつてラップ・ミュージックという一つのジャンルが、ポップ・ミュージックというマスの中心に入り込んだ音楽シーンの経緯をなぞるように、スニーカーもサブカルチャーの域を超え、ストリートファッションの中心的存在になっていった。

第二次スニーカーブームの要因とは

２０００年代、インターネットが普及したことで、世界中の情報を瞬時に、そして平等に手に入れられるようになった。さらに、２００３年頃から日本でブログサービスが浸透し始め、無料で開設できるようになると、個人がより積極的に情報を発信するようになる。

２００４年にはファッション通販サイト「ZOZOTOWN（ゾゾタウン）」とウェブマガジン「houyhnhnm（フイナム）」がローンチ。２００５年には藤原ヒロシ、ソフの清永浩文、ビズビムの中村ヒロキらが発起人となり、ウェブマガジン「honeyee.com（ハニカム）」をスタートさせる。

こうして、ファッション業界にも本格的にウェブやブログが浸透していく。因みに「ブログ」は2005年の流行語大賞に選出されるなど、国民レベルでの円熟期を迎えている。

総務省が平成21年に発表した「ブログの実態に関する調査研究」によれば、日本人の1週間におけるブログ閲覧頻度はアメリカの0・9日に対して4・5日以上と世界でも突出して高かったとされる。

それはつまり、新規記事への更新頻度が高いことの裏返しとも言えるが、さらにブロードバンド環境が普及したことで、テキスト中心だったブログに画像が増え、吸収できる情報量は急増していった。月に一度ほど刊行される雑誌に掲載される情報と、毎日更新されていくリアルな情報とその価値は、質と量の観点から一概に比較することはできない。それでも、スニーカーファンにとって、憧れのクリエイターや贔屓(ひいき)にしているショップからの発信を日常的に取得できるようになったのは、大きな変化だった。

ブログの普及により、メーカー各社も、新作リリースのタイミングでしっかりと情報を発信できるようになった。新作が週に何度も届くショップ側の心理は「鉄は熱いうちに打て」だろう。入荷したらすぐ店頭で売り切り、次の新作に向けて準備したい。メーカーも、インラインモデルについては、サンプルを揃え、しっかりとした販売戦略を立てるものの、プロモーションを要さずに完売が見込めそうなコラボレーションや限定モデルについてはサンプルの類を用意せず、商品を直接店舗に納品する仕組みをとっていた。

そのような中「速報性」という点において、月刊誌では貢献できる部分が少なくなっていると著者が実感したのも2006年頃だったと思う。実際、インターネットはスピード感を要するスニーカー業界とは相性の良いメディアだった。ジャーナリズムを持たないカタログ的雑誌も、スニーカーヘッズの情報欲を満たし、昂揚感をもたらすことができなくなりつつあった。

ネットオークションとブログの浸透により、2000年前半に起きたスニーカーの情報爆発は、一時的にシーン全体を盛り上げることになるが、その一方で、あふれた情報の中で一足の存在感が薄まることになった。バリエーションが豊富で、情報の多いモデルばかりが記憶に蓄積されるようになっていく。

ミレニアム前後のインターネットの発展で、新しいスニーカーカルチャーが育まれたのは事実だ。しかし、そのたった数年間で世の中は激変し、結果としてインターネットとストリートが強固に結びついた。

基本的に、ウェブの世界は集団知である。そしてあまりに巨大すぎる情報空間は、ユーザーの行動や思考によって整理され、いいものは残り、そうでないものは淘汰されていく。個人レベルの小さな「自分はこれが好き」が干渉し合い始め、いつしか大きな総意となって成長していく。そしてその結果として、既に人気を得ていた「ダンク」や「エア フォース1」「スーパースター」など、シリーズ化された定番モデルの価値が飛躍的に高まっていった。

これこそが、ミレニアム以降のムーブメントの要因であり、またその核心である。

「ナイキ エア」の悲願と結実

1987年に生まれた初代「エア マックス」、いや、そこから遡ること9年、1978年に登場した「テイルウィンド」の時から、エアの目的は優れたクッショニングの追求に他ならない。しかしナイキでは、「ミッドソールからフォーム材をすべて取り除き、『エア ユニット』に差し替えることができれば、パフォーマンスが最大化できる」という確信が生まれ、それに沿った研究開発が進められるようになっていた。

「エア ユニット」が見える面積にこだわること約四半世紀、「ビジブルエア」はヒールからフォアフットへと広がった。そして遂に2005年末、ソールをすべて「エア ユニット」

にした「エア マックス 360」の登場で、仮説は実現することになる。

これを建築にたとえるなら、ミッドソールのフォーム素材は壁で、「エア ユニット」は窓だ。いかにして窓の面積を増やせるか、というナイキのチャレンジが、技術を革新し続けたのである。

写真23　ナイキ「エア マックス 360」。著者私物

「エア マックス 360」自体のデザインは、「エア マックス 1」、「エア マックス 90」、「エア マックス 93」のサイドビュー、そして「エア マックス 95」のグラデーションと「エア マックス 97」のホリゾンタルデザイン、そして2003年に発表されたミニマルなスウッシュを組み合わせている、まさに歴史を集約させた記念碑と言えるものだった。

さらに同スニーカーには、2000年代に入って実用化されたレーザーエッジング加工を導入。縫い目のない、やわらかな立体スリーブを実現したことで、足との摩擦を抑えるとともに、レーザー加工されたアッパーは、シユーズに高い通気性をもたらした。これは担当デザイナーのマーティン・ロッティが大切にしている「レス・イズ・モア（少ないほうが豊か）」という概念が反映され、ディテールに凝りながらもソールを際立たせることに成功している。

こうしたチャレンジは、本来ならばもう少し早く達成できるはずだったが、プロジェクトの過程で、とある問題が顕在化することになる。それは、エアを膨らませる気体がもたらす環境問題だ。

当初よりヘキサフルオロエタン（Freon-116）と六フッ化硫黄（ＳＦ６）が、ソールに充塡するのに適していると考えられていた。初代の「エア マックス」は前者を使用していたが、１９８９年より後者の使用を開始。しかしその使用量がピークを迎えた１９９７年、ＳＦ６は大気中に長期間滞留する温室効果ガスの一種と認められ、地球温暖化にネガティブな影響を及ぼすことが判明した。

そのためナイキは、エアに充塡する気体を変更することとなり、製品化に時間を要することになる。改変後も、多くの人が体感したエアの快適さをキープすることは、長年愛用してきた万年筆を替え、それでも滑らかな書き味をキープするような難しさだろう。このＳＦ６脱却のゴールとして、当初２０００年を目標にしていたが、２００６年になってようやく完全に窒素ガスへと切り替えることができた。そして、これにより環境問題もクリアした「エアマックス 360」が誕生したのである。

記念碑的なシューズということもあり、関東ではアトモス、関西ではナイキ大阪にて、2006年3月26日午前0時に一斉発売するという販売方法をとり、特別感を向上させた。世の中が寝静まった深夜に集客を促すという試みは、当時でも学生の春休み期間だからこそ許されたとも言えるが、明らかに2021年現在のモラリティーでは実現が難しいであろう。たった十数年前のことだが、ここだけ見ても時代は大きく変わっている。

ナイキとアップル

2000年代、スニーカーカルチャーの発展に、パソコンは不可欠なツールとなった。個人がブログを運営し、情報発信するのが当たり前になると、それまでプログラマーやグラフィックデザイナーがユーザーの大半を占めていたMac製品を所有する層が拡大。調査会社のAsymcoが2012年に公開した「WindowsとMacの市場シェア比較の推移を示したデータ」によると、1995年にWindows 95が発売されて以降、一気にWindowsのシェアが広がっていたOS市場に、2004年から変化が表れている。

当時、内蔵プロセッサーをインテル製に移行したMacではノートPCの革新が進み、iBookの販売を2006年に終了させると、同年に高性能プロセッサーを積んだMacBookシリーズを発表。そうした状況下、猛スピードでMac信者が増加し始めた。シェアが逆転したことは今に至るまでないながら、Windows一色の状況に変化を及ぼし始める。

一方で、2001年に初代を発表したアップルの携帯型デジタル音楽プレイヤー、iPodもすっかり浸透し、世の中の流れとして、何事も小さく持ち歩くことがクールになっていった。

そんな矢先にナイキとアップルのパートナーシップが発表される。最初にリリースされた製品は、「Nike+iPod Sport Kit」。これはNike+システムに対応したフットウェアがランニング中にiPod nanoと通信することで、距離やペースや消費カロリーなど、ランナーが気になるデータが蓄積されていく仕組みである。

Nike+システムがもたらした、友人同士とインターネット上でグループを作って競争し、同じ目標に向かって楽しみ、励まし合える体験は、それまでの常識だった「ランニングは孤独なスポーツ」というイメージを払拭、新しいスポーツの世界を創出した。そしてこれ以降、スポーツシーンに寄り添うべく、ガジェットには積極的に防滴性が取り入れられ、ワイヤレス機能もより充実していくことになる。

なお、iPodと通信するために設計された初のフットウェア「エア ズーム モワレ」は、ソールにセンサーを仕込み、それにインソールを被せるという今思えば原始的な構造だったが、大きな誤差なく計測でき、ランナーのモチベーションを上げるには十分な存在だった。デザインもそれまでのナイキのランニングシューズと一線を画しており、「もしアップルがスニーカーをデザインしたら」という質問に対しての回答のような、ミニマルなデザインが用いられている。その後、最新の「エア マックス」や「エア ペガサス」などの人気シリーズが続々と「Nike＋」対応モデルになり、ランニング市場に新しい風を送り込んだ。

情報過多がもたらした表裏の逆転

ここまでに記した2000年代半ばから加速し始めたテクノロジーとストリートの融合は、新しいモノ好きのクリエイターには歓迎されるも、それまでの社会でファッションを楽しんでいた人たちの情熱を、どこか減退させた印象もある。

先述したように1990年代のスニーカーは新しいモデルがリリースされた後、ゆっくりと時間をかけて人気を獲得していった感があるが、2000年代に入ると、単発のモデルが時間をかけてヒットするようなことは少なくなった。波のように押し寄せるリリース情報を受け止めきれなくなった消費者は、自分の尺度での「かっこいい」を求められても分析できなくなっていたのである。

それまで情報の発信源として確固たる地位を築き、熱狂的な崇拝者を多く抱えることで成り立っていた裏原宿というマーケットも、ブログの盛況により、その特別感が薄まっていく。前出のウェブマガジン、特に「honeyee.com」に名を連ねたカリスマたちのブログは、発信した情報がユーザーに影響を与え、ファッション界に変化をもたらした典型だった。

ブログを通じ、それまで雑誌メディアなどで追い切れなかった私生活まで垣間見られるようになったことで、ファンの物欲は多方面に広がることになる。それまでは、何を着て、与えられたテーマに対してどんな私見を述べるか、といった程度にとどまっていた情報が、誰と会って何を食べ、どんな車に乗って何の音楽を聞き、どんなカメラを使って何の写真を撮り、どの携帯電話やガジェットを使いこなしているか、さらにメディアに顔を出さないオフは何を考えて生きているのか……と堰(せき)を切ったかのように広がっていく。こうして興味は身につける服以上に、ライフスタイル全般にまで膨れ上がっていった。

つまり、それまでメディアの扱っていた情報がその人の表側なら、自己発信が当然となったことで裏側が表に変わるというパラダイムシフトが起きてしまったのである。日常が綴られたブログに、まやかしは通用しない。特に、とりわけ感度が高いファン層に支えられていた裏原宿などのマーケットにそもそも表層的なマーケティングは通用しにくかった。

そうして、リスペクトされているクリエイターたちが愛用しているものには、一瞬で売り切れるような爆発力が備わる一方、そこで取り上げられないモデルは、まったく消費者の購入リストに入らなくなっていった。この頃から多くの雑誌メディアで「今、本当に欲しいもの」や「マイスタンダード」的な企画を立てるようになったが、消費者が欲しがる基準として、「メディアが紹介するもの」から「リソースが信頼できるもの」へとシフトしていったのである。

事実この前後から、ファッションとは衣服への欲望だけで語られるものではほとんどなくなり、衣食住を包括したライフスタイルとして取り扱われるのが当たり前になっていく。その伏線として、ブログという正直すぎるメディアの活況があったのは確かだ。

あふれる情報とその整理

雑誌の魅力とは、情報を編集することで新たな価値を創造することにある。しかし特に2

000年代までは、勝てるはずもないネットの情報量に対抗しようとした雑誌も多く、結果として「今買えるもの」を並べただけのカタログ的誌面を増やしていた。

情報の深度より、幅の広さを追求し始めたメディアに対し、メーカーもスニーカーの歴史や機能を解説するロジカルな企画よりも、モデルを使った華やかな着回し特集やコーディネート提案を求めるようになり、編集タイアップ記事でも、商品そのもの以上に、スタイリストやモデルとの関係性の方に価値を置き始めた。つまり、読者にとってのスニーカー情報とは「かっこいい」か「かわいい」という基準が最重要で、かつ「この中から選ぶ」対象へと存在意義を変え、ディテールへの強すぎるこだわりは、むしろ邪魔なものとして捉えられ始めた。

そして各メーカーは次々とオウンドメディア（自社媒体）をローンチ。自分たちで、より積極的に情報をコントロールすることを試みるようになる。メーカー側が配信する情報は、今、作り手側が伝えたいことに集約され、これまでメディアを介することで膨らんだエピソードや第三者の視点、経験などの多くが削ぎ落とされる。その分、ダイエットした情報をダイレクトに発信していくことでユーザーとの接点は増え、グローバル化の名のもとで徐々に直接的なマーケティングができるようになっていった。

２００５年以降、特にメーカーが大切にしたのは、周年における価値の創造と伝達だろう。先述したアディダス「スーパースター」の35周年はその好例で、社の優れたイメージ統制が、シューズのブランディングに貢献したと言える。

ナイキは２００７年、「エア フォース １」の25周年を大々的に展開した。さらにホワイトダンク展での盛況例に倣ったのか、ナイキとショップ、ヘクティクとの共同プロジェクトとして、原宿のキャットストリート沿いに３６５日の期間限定ショップ、「1 LOVE」をオープンさせた。

美術館の展示ケースにも使用される透過ガラスを使った円柱のショーケースには、「エア フォース １」のみを陳列。そして同店にはニューヨーク、パリに続き、NIKE iD STUDIOを併設した。そこでは「エア フォース １」のパーソナルオーダーが可能だったが、一見様お断りの完全予約制をとっており、この時だけに使用できる〝オンリーワン〟として、25種の上質な白いマテリアルがラインナップされた。

まさにミレニアム以降に続いた高級志向、その一つの完成形を自らの手で作り出すことができるという体験だったが、参加チケットを手に入れるためには、ストア内で９０００円分の買いものをして獲得できるスタンプを25個もためなければならなかった。一般人ではなかなか越えられない、あまりに高いハードルである。

そもそもだが、年間を通してリリースされた限定の「エア フォース 1」も豪華だった。1982年に「エア フォース 1」のオリジナルがデビューした際、ナイキは契約する6名のNBA選手を広告塔に起用した、通称「オリジナルシックス」を展開。マーケットに大きなインパクトを与えた。その6名を「オールドシックス」。2007年に活躍中の現役選手を「ニューシックス」とした、全12型の「プレイヤーズ」をリリース。「ニューシックス」にはレブロン・ジェームズやコービー・ブライアント、ラシード・ウォレスなど、華々しい活躍を見せる選手のプレイスタイルや個性を落とし込んだ。

また同時期に、バスケットボールカルチャーが盛んなフィラデルフィア、ボルチモア、ニューヨークの3都市をフィーチャーした都市コレクションも展開。

実は最初の「エア フォース 1」の発売期間は短く、わずか2年で後継モデル開発に切り替えられている。1987年に「エア フォース 2」、さらにその翌年には「エア フォース 3」が発売されるも、いずれもセールスは厳しかった。そのような中でバスケットボール人気が高く、「エア フォース 1」の売れ行きも良かったボルチモアの権威的なショップが、初代の復刻をナイキに熱望。「1カラーごとに1200足を販売する」との条件のもとで本当に復活させたというエピソードがある。復活後、その人気はまずボルチモアの北東のフィラデルフィアへ、さらに北東に位置するニューヨークへと派生していったという一連のストーリーを落とし込んだモデルを発売したのである。

日本は世界より一足早く、独自のスニーカーカルチャーを発展させたが、情報の統制が取れていなかった時期に広まった各モデルに対する知識は、人によってはピュアで真っ直ぐに、また人によっては湾曲されながら伝わった。

一方、メーカー主導で行われる周年企画は、既に流布していたメーカーの本意でない情報を拾い集めて編纂し直す機会となり、さらには新たな価値を加えて世界中に伝達できるという、グローバル時代ならではの理想的なマーケティング手法になった。

ニューバランスのぶれなさ

周年企画を手がけたブランドとして、ナイキとアディダスが目立つ印象があるが、ニューバランスもまた、周年を独自のアプローチで訴求してきたメーカーだ。

たとえば２００６年、ニューバランスがブランド創立１００周年を迎えると、「９９２」をリリースし、ブランドを盛り上げた。

なお同社は1982年誕生のオンロードモデル「990」から、以降に続くシリーズをフラッグシップモデルと位置づけ、その時々の最高の機能を搭載し、アメリカ国内の工場で生産してきた。1986年に「995」、1988年に「996」、1990年に「997」、1993年に「998」、1996年に「999」と、2、3年のスパンで新作をリリース。1998年には「990」のバージョンアップとして「990V2」を開発し、2001年になると、また戻るように「991」が発売された。先述した「992」は5年ぶりの「990」シリーズとなる。

あらためてその変遷を辿ってみると、なぜ「990」の次が「995」だったのか、そして、なぜ途中でヴァージョン2を作ったのか、謎は尽きない。シリーズ展開を計画的に考えていなかったのでは、と邪推したくなるが、いずれにせよ100周年は、ラインナップを整理するのに絶好のタイミングだったのだろう。

ニューバランスの場合、同じランニングシューズかつシリーズものでも、ナイキの「エアマックス」とは違い、フルモデルチェンジと呼べるほど体裁を変えるのでなく、基本カラーもグレーで統一されている。一連のシリーズをパッと目の前に並べられて、瞬時に正確な品番を答えられる人はさほど多くないのではなかろうか。

ただ、それを逆手に取ったのが、ニューバランスの優れたところだろう。こうしたリリースを重ねることで、小さな変化は〝地道な進化〟とポジティブに解釈され、それを楽しむマニア心を、ミレニアム以降もしっかりと摑み続けることができたのである。

実際、この頃のニューバランスは決して派手なマーケティングはしていない。

たとえば２００８年にオフロード対応として開発された人気モデル「５７６」が20周年を迎えたタイミングと２００９年の「９９３」の発表のタイミングで、『モノ・マガジン』（ワールドフォトプレス）とタイアップしてその魅力を一冊にまとめたり、『Begin』（世界文化社）といった雑誌で大きく特集されたりもしているが、いずれも工場取材や開発担当者インタビュー、そして歴代モデルの整理など、モノ系雑誌らしい構成で、かなり読み応えのある記事になっている。

そうした事実を誇張しない、あくまで足を地につけたブランディングは、矯正靴メーカーとして設立された当時から一貫している。その実直なアプローチはスニーカー好きだけでなく、ジーンズのディテールと変遷を楽しむようなヴィンテージ好きはもちろん、車やスーツ、時計などにかける費用を惜しまないような好事家たちに受け入れられ、日本での大きなブームに繋がることになる。

なお同社の看板モデルである「1300」も、およそ5年に一度のペースでいまだに復刻され続けているが、その輝きは色褪(いろあ)せるどころか、回数を重ねるに連れてむしろ高まっている印象すらある。

ファストファッションの浸透がもたらしたもの

2000年代半ば、表層的なファッションより、トップクリエイターたちの中身に憧れ、彼らを真似し始めようとした潮流は、それまで当然のように存在していた〝スタイル〟（たとえば「裏原系」など）を形骸化させてしまった。

モノよりヒト、そしてヒトよりもコト。こうした流れはスニーカーにも影響を強く及ぼし、ある面で、消費欲の強い一部のマニアだけに向けた存在に先鋭化していく。また止まらないグローバル化の中で、流行の〝震源地〟が原宿や渋谷のような細かい地域で区切られなくなり、むしろ大きな海外のトレンドにより左右されるようになる。こうした影響下でファッションスタイルの細分化が進んだのが、この時期だ。

具体的な動きとして、ファストファッションと呼ばれる、低価格でトレンドを取り入れたファッションのさらなる浸透がある。

ユニクロやH&M、ZARAなど、代表的なブランドが破竹の勢いで成長していた2006年、ユニクロはニューヨークへ進出し、ソーホー地区の中心に1000坪もの巨大な売り場を持つ、グローバル旗艦店をオープンさせて大きなニュースとなった。また2008年に上陸したH&Mは、銀座と渋谷という日本のファッションの中心地へ進出。2009年には「ファストファッション」が流行語大賞に選出されているが、この間、世界的な大不況が起きており、結果として「おしゃれは手頃な価格で済ませるもの」という価値観が日本中に定着した。

一方、これらリーズナブルな服がシーズンごとに体現するトレンドの正体は何か、と考えれば、そこにはモードの存在がある。本来、階級的な存在だったはずのモードが、カジュアル化し続けたことが、実はファストファッション浸透の背景として大きい。ストリートとの結びつきは先に述べた通りで、カルチャーを武器に、破竹の勢いで成長を遂げた原宿生まれのブランドが、いつしか日本という枠を超え、海外から評価されるようになったことも、カジュアルとモードが混ざり合った原因の一つだろう。

高橋盾のアンダーカバーは2003年、宮下貴裕のナンバーナインは2004年にパリ・コレクションへ進出。やや文脈は異なるが、アベイシング エイプは同年、ロンドンに続いてニューヨークに直営店をオープン。セレブリティーから注目されることになる。

また逆にモード側からの動きも進んだことで、モードとストリートがお互いの領域を自由に往来するようになり、フラット化が急速に進んだ。

たとえば2001年にスタートしたディオール オムは、クリエイティブ・ディレクターにフランス出身のデザイナー、エディ・スリマンを迎えたが、彼の少年性とロックをテーマにした、エネルギッシュで儚(はかな)いコレクションは若者の間でも話題となった。その特徴として、シルエットは驚くほど細身でデザインはミニマル、そしてコーディネートはこれ以上なくシンプルであった。ちなみにエディ・スリマン自身は古着の愛好家で、インスピレーションを受けたものとして、ヴィンテージを挙げている。

現実には、一介の若者が高価なディオール オムのアイテムを気軽に買うことはできない。せめて、似た服を手に入れたい。そうした想いの向いた先が古着とファストファッションだった。足元はブーツや革靴で占められ、入る余地があったスニーカーは、ジャーマントレーナーと呼ばれる軍用のトレーニングシューズ、もしくは白か黒のコンバース「オールスター」くらいだった。

古着畑出身のデザイナー、尾花大輔によるN・ハリウッドも、東京コレクションの中心的な存在から、世界に羽ばたいたブランドだ。2005年からコンバースとコラボレーションし、革靴のように黒いコンバース「オールスター レトロ NH HI」などをリリースしている。

「ヴィンテージの進化」としてのコンバース アディクト

そのコンバースも、2008年にブランド設立100周年を迎えた。歴史上のエポックメイキングな年を記念して、コンバースは機能とデザイン性を高めた新作を続々とリリース。アーカイブの懐の深さを見せつけるコレクションを展開した。

さらにこの年、業界を中心に話題になったのが、日本限定でスタートしたコンバース アディクトと名付けたレーベルの立ち上げである。

コンセプトは「進化するヴィンテージ」。1917年に誕生したオールスターは、1940年頃から見た目は大きく変わらないものの、木型やステッチの有無、ヒールラベルのグラフィック、靴紐の太さや質などの微差が年代ごとに存在しており、その違いがまたファンから愛された。技術の進化や合理的思考によって変わり続けた年代ごとのディテールを改めて検証、マニアにとって理想の一足を追求したのが、コンバース アディクトだ。

そのコンセプト通り、単なる過去の焼き直しでなく、次の100年に繋げるアップデートと位置づけ、開発が行われている。
たとえば1960年代に採用されていたヒールラベルやコットン製のシューレース、またシュータン裏にプリントされた記名用のプレイヤーズネームといったデザインを再現。当時のデッドストックのような趣を与えつつ、耐摩耗性に優れたビブラム社のコンパウンドソールや、ヒールに衝撃吸収材のポロンを搭載した。さらに取り外し可能なカップインソールを新たに採用するなど、ヴィンテージそのものと比べて、まったく別モノと感じられるほどに履き心地を高めている。

その伏線は、オールスターの価値向上に向け、過去を見つめ直す動きがコンバース社内で高まった2003年に展開した、日本製「オールスター レトロ ハイ」にあった。これは1970年代のスペックを美しく再現し直したもので、市場から評価が高かった。ファッション業界はその高いクオリティーを歓迎したのはもちろん、本来、ヴィンテージ品そのものでしか満足しないはずのマニアの心まで動かした。

特にセレクトショップであるユナイテッドアローズは、2006年から同作をベースとした「チャックテイラー」を、数シーズンにわたって別注。量販店に陳列されている現行のオールスターの2倍強の価格で販売したが、それがこだわりを持つ服好きの層に受け、コンバース熱が高まることになる。

これらの流れが、「オールスター」のコモディティー化（市場価値の低下）を避けるための有益な戦略としてコンバース アディクト発足に繋がった。ファッションにとって「オールスター」を選ぶ理由は、利便性や廉価性でなく、その歴史やブランドなどの付加価値にあってほしい。そんな願いが、このレーベルには込められている。

写真24　コンバース「オールスター ハイカット」。著者私物

かつての「オールスター」には、その色褪せたキャンバス地と若者に似合う特権的な細身のシルエットに詰まった古き良きアメリカの空気や、どこかロックで反抗的な強い意志が魅力で、履き心地は二の次だった。著者もやむなく中敷きを重ねて（「オールスター」のインソールは取り外せない）、フラットで硬化したヴィンテージのアウトソールを何とか快適に履きこなすべく、試行錯誤したものだった。

そうした青春の思い出と決別させるかのように登場

したコンバース アディクトは、見た目はクロモリのピストバイク、でも乗り心地は電動自転車という奇跡の一台に巡り合ったような中毒性をユーザーへもたらしたのである。

アメリカントラッドブームと生産国の矜持

足元事情そのものを考えれば、トレンドに揺り戻しはつきもので、スニーカーと革靴はまるでシーソーのように、行ったり来たりを繰り返している。2007年以降しばらくは革靴が浮上し、その分、スニーカーが下降気味だったが、先述したニューバランスに限っては、その人気が衰えるどころか、むしろ気を吐いていた印象がある。それは先述した通り〝スタイル〟が消えてファッションの細分化が進んだ先に、アメリカントラッドの潮流が生まれたからに相違ない。

ここで言うアメリカントラッドとは、1960年代に隆盛したアイビーから1970年代のヘビーデューティーを経て、両者を掛け合わせるようにカジュアル化したプレッピースタイルから生じたトレンドのことを指す。

歴史を遡れば、20世紀に入り、アメリカに流入したヨーロッパの上流階級に向けて繁栄したテーラリング（縫製）は、徐々にアメリカのお国柄とも言える合理主義のもとでパターンメイド化され、より簡単に大量生産できる服に書き換えられていった。

１８１８年に創業したブルックス ブラザーズに代表される制服的なアイテム群、たとえばネイビーブレザー、フランネルのスーツやジャケット、ボタンダウンシャツ、チノパンやファティーグパンツ、オーセンティックなスウェットやシャギードッグセーターなどがその象徴である。

それが近年では、アパレルやシューズの生産拠点は安価なアジア諸国に移され、同時にものづくりのストーリーも失われ始めていた。アイテムの持つ歴史的背景への強い愛着や郷愁は、日本人特有のものなのかもしれないが、それでも作り手の顔が想像できなくなったことで、味気なくなっていったのは事実だろう。

そうした流れもあり、老舗の頑固なものづくりや職人の手仕事などが注目され、戦略に基づいた大量生産ではなく、極限までこだわり、少数生産をすることが美徳とされるようになっていった。この流れで、アメリカ一国で何でも作っていた１９８０年代以前のファッションにスポットが当たったのである。

スニーカーで言えば、それこそヴァンズは１９９０年代から少しずつ、コンバースは２０００年を境にアメリカ生産を終了し、アジアの工場で生産するようになっていた。その悲報をチャンスと捉えた嗅覚の鋭いヴィンテージバイヤーによって、“Made in USA”の買い占めが起きたりもしたが、当たり前のように存在していたそれらの価値が値上がりすることはないだろうと、多くは楽観視していた。しかし、アメリカ製のバリューはその目論見通りにならず、どんどん上昇していくことになる。

ニューバランスはその中でも生産国にこだわり続けた。マサチューセッツ州ボストンを本拠地とし、今も同州とその隣接州にある5つの工場を稼働させている。

これらはただの商業目的ではなく地域社会への貢献であり、企業のプライドの表れでもある。また最新機能を追求する上で、ヘッドクオーターと工場の距離が近ければ近いほど、現場では密なコミュニケーションが築けるし、構想をスムーズに実現化できる。

ボストンの工場内の生産システムは、効率性を重視したトヨタ自動車の工場プロセスを応用していると言われるが、これらは脳と手の距離が近い方が品質も高い、という合理的思考に基づいて形作られている。

世界を席巻するニューバランス

こうして起きたアメリカントラッドのムーブメントの中、あらためてニューバランスがプロットされた。日本で１９８０年代に大きなムーブメントとなった「渋カジ」でも、ニューバランスはローファーや革靴と並ぶアイコンになっていたが、その歴史も大いに影響したことだろう。

写真25　ニューバランス「M1300」。著者私物

アメリカントラッドを体現するブランドのエンジニアド ガーメンツは、１９８０年代に渋谷の人気セレクトショップで感性を磨き、その後ニューヨークへ渡ったデザイナー、鈴木大器が１９９９年に設立したファッションブランドだ。失われかけたアメリカの職人技にスポットを当て、日本人らしい繊細なセンスで蘇らせたクラシックなデイリーウェアに世界が注目するまで、時間はそうかからなかった。

エンジニアド ガーメンツは、２００４年からコレクションを発表する場に、毎年イタリア・フィレンツェで行われる世界最大級のメンズファッション見本市、ピッティ・ウオモを加えている。スーツを中心としたクラシコイタリアの展示会場、そこに並ぶ〝異質〟とも言えるアメリカ製クロージングに、各国のバイヤーは目を奪われ、メディアもその様子を大いに取り上げた。

その影響か、開催地がイタリアであるにもかかわらず、アメリカンテイストのブランドが回を重ねる度に増え、ピッティはアメリカナイズされていった。

世界中からウェルドレッサーが集まり、自分たちの洒落（しゃれ）っ気を披露し合う展示会場の内外は、ファッションスナップの定点スポットだ。彼らのスタイルからトレンドを掴むのがドレスファッションの常だが、ジャケットにスラックスという組み合わせの足元にニューバランスを合わせる伊達男が次第に増えていった。重厚でボリュームのある「576」と、細身でスマートな「996」。ともに定番的なアメリカ製だが、2008年に最新モデル「993」がリリースされると、着用率は一気に高まる。確かに、生産国へのこだわりや革靴に劣らぬ歴史とクオリティー、さらに巨大なスペースを数日間歩き回っても疲れない履き心地と、見本市回りに求められるすべてが揃っていた。

過去にニューバランスについて鈴木に取材した時、1980年代に自身が働いていた店で「770」や「1300」など様々な品番を扱うようになって以降、その履き心地と、他のモデルよりもつま先が丸くないデザインを使った「990」番台を特に気に入って使ってきたと言う。そうした背景があってか、2007年のエンジニアド ガーメンツのコレクションでは、ほとんどのルックで「991」を着用させていたことも、話題となった。しかしその火種が時間差なくトレンドに結びつく可能性を秘めていたのも、ネット時代の特徴だろう。

さらに鈴木は2008年、権威あるCFDA（米ファッション協議会）ベスト・ニュー・メンズウェアデザイナー・イン・アメリカを、日本人で初めて受賞する。

アメリカントラッドを現代的に解釈した新しいスタイルは、ボトムスの裾をダブルに処理した、くるぶしが見える短い丈感が特徴だった。

これらは1960年代のスーチングから着想を得たニューヨークのブランド、トム・ブラウンが提案したスタイルの影響だ。彼はジーンズをはじめ、あらゆるボトムスをロールアップして見せ、一斉に各界へと波及していくことになる。

そのトム・ブラウン自身の足元は、常にアメリカのシューブランド、オールデンのロングウィングチップシューズが収まっていたが、足首が見える着こなしにニューバランスのスニーカーが持つボリューム感も相性が良かったと言える。

ファッションは損得勘定で選ばれる対象に

サブプライムローン問題に端を発したリーマン・ショックと、それに連鎖した一連の金融危機は消費欲を一気に低下させた。体制に反抗を示すことで勃興してきたストリート市場も、いつしか巨大な市場に拡大していたことで、景気の影響を受けざるをえなくなり、消滅するブランドも増えていった。

世界規模で起きた大不況と、増え続けていたアジア生産、さらにファストファッションの台頭は、先述した通り、若者たちに「安くておしゃれが当たり前」の概念を強く植え付けることになる。また大人たちは大人たちで、無駄な消費を控えるべく、手にして損することがないような、ストーリーを持った定番を強く求めるようになる。つまり、ファッションにおける〝損得勘定〟が強化されたのである。

そう書くとやや寂しくもあるが、その傾向に、ニューバランスやコンバース アディクトは、パズルのピースとして、きれいにはまった。若者たちはどのシューズショップでも売っている現行の安価な「オールスター」を愛で、大人たちは過去のヴィンテージスペックを蘇らせた高級志向の「オールスター」に強い価値を感じるようになったのである。

その頃、面白い動きをしていたのが日本のアシックスだ。

アシックスもまた、高価格帯の日本製にこだわり、ブランド価値を高めていた。２００８年からは国内生産の「ニッポンメイド」をスタート。鳥取県にある山陰アシックス工場で成型されたシューズは、さらに大阪の佐川工芸という小さなファクトリーへと運ばれ、熟練の職人の手によって、洗いや染めの加工が施された。

伝統的な和の技法を採用するなど、その扱いはスニーカーというよりも工芸品であり、価格も2万円超に設定されたが、カルチャーを入り口としたスニーカー好き以上に、アートの側面からスニーカーを求めるようなファン層を獲得することに成功する。彼らは消費の対象ではなく、有機的で美しいものとしての価値を、新たに見出し始めたのだ。

また、トラッドを評価する流れの先で、足元のスタンダードが革靴に移行していく中、少量生産で高価格帯を求める動きは、ものづくり大国の権威を失いつつあった、日本とアメリカにスポットを当てることになる。ここにきてスニーカーは、ようやくストリートではない文脈で発展し始めたのである。

リーマン・ショック以降に起きた世界的不況の波をもろに被った大国・中国は、２００８年の北京オリンピック後にやってきた不況も同時期に被ったことで、未曽有の大恐慌に見舞われつつあった。しかし中国政府は、それまでの景気の実績と見通しの悪化から、即座にG

DPの十数パーセントに相当する「4兆元」の経済投資を実行。主要各国がマイナス成長に陥る中、底割れを防ぐことに成功する。

そして、ここでの中国の踏ん張りがまた、テン年代に起きた新たなスニーカーブームへと繋がることになる。

最終章

スニーカーの今とこれから

誰の、何のための存在か

「東京発」から「ヒップホップ発」へ

いよいよこの本も最終章となった。

ここまでに記した通り、日本における２０００年代においてのスニーカーブームは、トラッドやファストファッションの強い波にのみ込まれていった。そしてその背景として、そこまでの期間、スニーカーカルチャーにとって大きな影響力を持っていたはずの裏原宿文化などが雲散霧消してしまったことがあったように思う。

１９９０年代の日本、特に東京・原宿に渦巻いていたエネルギーとは、ある種の不完全さすら十分に乗り越えていくほどの、若者たちの力強いカタルシスによって形作られていた。しかし当時を駆け抜けたムーブメントの先導者とその追従者も、時間が経てば歳を取る。父親になり、母親になり、経営者になり、置かれた立場や環境が変化したことで、自らを形成するすべてだったはずのカルチャーの意義が変わっていく。その空気がストリートとライフスタイル全般との統合をもたらし、結果として、「東京発」のスニーカーカルチャーも勢いを失っていった。
と、その一方で1990年代後半からメーカーが種を蒔き続けてきた「グローバル」の芽が、インターネットという養分を吸い、開花した。たとえば日本における情報豊かなデジタル世代からすれば、東京から世界を見るのではなく、海外を通して東京を解釈するのが当然となった。

この章ではそうした背景を踏まえながら、それぞれの国のカルチャーの延長線上にグローバルが結びついて生まれた、足元の第三次スニーカーブームについてあらためて考察していく。フィジカルの要素が強かった1990年代と2000年代に想いを馳せつつも、その課題と新しいディケイドを読み解きながら、この本をクロージングしていきたい。

テン年代に入って、音楽、映画、スケート、ファッションなど、複雑に絡み合うことで構築されていた東京発カルチャーが世界で存在感を失いつつあった一方、同じポジションで台頭したのがヒップホップカルチャーだった。

2000年代に世界の音楽の中心に君臨したヒップホップは、徐々に単なる一ジャンルではなく、音楽とスポーツが結びついた大きなカルチャーになっていく。

そのことを最初に気づいたのはリーボックだろう。セレブリティーと消費者がシンクロする部分に着目し、ラッパーやアスリートを巻き込む「Rbk」プロジェクトをスタート。1990年代にバスケット選手であるアレン・アイバーソンと契約し、「クエスチョン」や「アンサー」など、彼のシグネチャーモデルで成功を収めたリーボックは、アイバーソンの片足がヒップホップに浸かっていたことをよく理解していた。その経験から、ラッパーのジェイ・Zをコミュニケーション・アイコンとして契約し、彼の本名を冠した「S・カーター」をリリース。50セントやファレル・ウィリアムスなど数々のビッグアーティストと繋がったプロダクトを開発し、早くから次世代への対応を進めていった。

iPhoneがもたらした情報革命と「エア ジョーダン」

ナイキも次世代への対策を急いだ。多くのスターと結びつき、壮大な周年企画を世界規模で立て続けに成功させていたように見えたが、たとえば2003年にマイケル・ジョーダンが現役を退いた後に「エア ジョーダン」ブランドをどのようにして後世へ継承していくかなど、過去のレガシーを未来に繋ぐ方法を見つけることが、彼らにとっての急務であった。

ミレニアム以降も「エア ジョーダン」シリーズそのものは変わらず、年に一度のペースで開発が続けられていた。そして「エア ジョーダン 23」が発売された2008年、ナイキはジョーダンの背番号23にちなみ、全11種類のカウントダウンパックを1年かけてリリースすることを決定。歴代モデルを1と22、2と21、4と19といったように、合計が「23」になる2足セットで発売することにした。

「エア ジョーダン」シリーズの人気は、ジョーダンがプロバスケット選手として現役だった時代の戦績に大きな影響を受けており、基本的には前半のナンバリングに集中している。一方で二度目の引退から復帰した後にリリースされた「エア ジョーダン 15」以降はファッションとの親和性も低かったこともあってか、あくまでバスケット好きのためのシューズという存在になってしまった。だからこそ2足セット企画は、シリーズ後半のモデルをあらためて世界に認知させるための絶好の機会となった。

なお2足パックの先駆けは2006年、ジョーダンの公私にわたるエピソードをカラーストーリーで表現した「BMP（BEGINNING MOMENTS PACK）」と、「DMP（DEFINING MOMENTS PACK）」というパッケージに遡る。

前者は2004年に設立したマイケル・ジョーダン・モータースポーツがオークションに出品した、スズキの二輪、GSX-R1000のカラーリングをモチーフにしたものだ。後者は、ジョーダンが現役時代の栄光の記録を切り取ったプロジェクト。達成した二度のスリーピート（3年連続でチャンピオンになること）を称え、それぞれの一度目に着用していた「エア ジョーダン 6」と「エア ジョーダン 11」を王者に相応しいゴールドでパッケージした。

また、1試合63得点という偉大な記録を打ち立てた1986年のプレーオフをテーマに、当時着用していた黒×赤と、対戦相手のボストン・セルティックスのチームカラーの黒×緑を採用した2色の「エア ジョーダン 1」もリリース。これらは日本ではそれなりの反響だったようだが、アメリカでは大きな話題となった。その証左と言えるかどうか、2009年末には、マイケル・ジョーダン主演の映画『SPACE JAM』（ジョー・ピトカ監督）で、ジョーダンが劇中で着用した「エア ジョーダン 11」の発売を巡り、購入者による暴動がアメリカ郊外で起きている。

当時、スニーカーを高値で売り買いするような愛好者の数は、日本よりアメリカの方が多くなっており、発売時の行列は日常茶飯事になりつつあった。そのた

写真26　ナイキ「エア ジョーダン 11」、通称「スペースジャム」モデル。WORM TOKYO 提供

め「エア ジョーダン 11」発売時の混乱も、ニュースで報道される程の事件性はなかったように思われた。

しかし当時のアメリカには、郊外で起きた小さな火種ですら、全米での大きな火災へと変貌させるような存在が急激に広がりつつあった。それがiPhoneだ。iPhoneはアメリカでは、2007年6月29日に発売されている。続く2009年6月には3GSが発売され、動画撮影機能が追加された。

先述した「エア ジョーダン 11」リリース時の暴動は、現場に居合わせた客がその様子をiPhoneで撮影。YouTubeなどへ投稿したことで広く世界に拡散された。そうした場面はiPhone 3GSの登場以降、各国で見られるようになり、すでに冷え切っていた日本のスニーカー市場にも、海外で続いていた盛り上がりをあらためて気づかせたのだった。

翌年の2010年1月には、「エア ジョーダン 6」のオリジナルカラー、黒×赤が10年ぶりに復刻され、2月には黒×白の通称〝オレオ〟が発売された。この時期の日本市場において、「エア ジョーダン」とは、あくまでNBAに興味を持つようなバスケットボール好きの対象アイテムとなって長かったが、この頃からリリース情報を気にするような動きが、再びストリートの中に芽生え始めた。

デスクトップやラップトップを起動しなくても、モバイルによるブラウジングでインターネットに常時接続できるようになったことで、動画は大衆化された。人々はいつでも自分の外に流れる情報にアクセスできるようになり、いつでもどこでもショッピングを楽しめるようになった。さらにはあらゆる分野の「アプリ」が登場。SNSも普及したために、スニーカーを取り巻く環境もこの時期、激変を遂げる。

1990年代、欲しいスニーカーは足で稼いで探すか、雑誌、もしくは人づての情報がすべてだった。それが2000年代になり、ダイヤルアップ接続されるパソコンを介して、憧れのショップやクリエイターの日常を時差なく知ることができ、多くの情報を能動的に得ることができるようになった。しかし2010年以降はiPhoneによって、さらに世界中のあらゆる人が履いているスニーカーの情報まで受動的に取り込まれていくことになる。

もちろんこれはスニーカーに限った話ではない。しかしコミュニケーション改革という強力な後押しによって、テン年代以降のスニーカー市場は飛躍的な成長と激変を遂げることになった。

日本が求めたヘルシーアイテムとしてのスニーカー

日本独自に生まれた動きもある。それがカルチャーとしてのランニングで、象徴する存在が、２００９年11月14日、国内最大の旗艦店としてオープンしたNIKEフラッグシップストア原宿だ。

その特徴は、豊富なラインナップもさることながら、各フロアに設置された数々の体験型サービスにある。特にランニングを重要視した姿勢が窺える構成となっており、１階は「RUNNER'S STUDIO」、２階に「NIKEiD STUDIO」を併設。定期的なランニング講座などが実施され、新しい情報発信の舞台とした。

２０１０年の秋には、アンダーカバーのデザイナー、高橋盾とパートナーシップを締結し、GYAKUSOUをスタートしている。

ナイキの機能とアンダーカバーのデザインが融合したランニングコレクションは、伝統的に使われてきたネオンなどの鮮やかなカラーに代わり、自然と調和する控えめなアースカラーが積極的に用いられている。かつて１９８０年代、市民ランナーが増加したことでアスファルトに似合う落ち着いたグレーのシューズが増えたことがあったが、自身が東京の街を走る高橋盾らしい、ランナーの視点に立ったファッショナブルなものであった。

それと前後するように、この頃からランニングブームが起きる。

たとえば、東京五輪誘致の一環として開催された２００７年の第1回東京マラソンの申込者は9万５０４４人だったが、２０１１年の第5回大会では33万５１４７人まで増加している。第四章で述べたNIKE＋iPodやスマートフォンの登場により、孤独なスポーツと思われていたランニングがコミュニティー化されたことで、ランナー同士が繋がり、ランニング人口が飛躍的に増えたのだと思われる。

さらに同年3月11日、日本で東日本大震災が起きる。

災害当日に起きた交通マヒによって多くの帰宅困難者が生み出されると、次にいつ、何が起こるかわからないという危機感が日本人に芽生えるとともに、自転車通勤者も増え、会社勤めをする男性会社員は革靴を脱ぎ、女性会社員はパンプスを脱ぎ、スニーカーを日常で履くようになった。加えて、社会の変化が備えのムードを作り出し、人々はなるべく歩く機会を増やそうとし、健康志向が促進された。

結果、日本におけるスニーカーは、まるでスムージーのごとく、この時代を象徴するような「ヘルシーなアイテム」という新たな価値を帯びていったのである。

ヘルシー志向の先で飛躍したニューバランス

スニーカーをヘルシー的なアイテムの一つとして見なそうとする風潮は、日本のみにとどまらなかった。

一昔前までハーレムやクイーンズなどと同様、治安が悪いイメージのあったニューヨーク市のブルックリン地区。そこが豊かなライフスタイルの発信地として、次第に熱気を帯び始めたのが2010年頃となる。近代化されたマンハッタンにない、古き良きアメリカが残る低層建築の落ち着いた街並みからは、古いものを有効活用するフレンドリーで気取らない人々の生活が垣間見られた。

ブルックリンへの憧れの高まりを鋭敏に捉えたのは、メンズではなくウィメンズだった。ウィメンズでは、オーガニック、ロハス(健康で持続可能を重視する生活様式)といった言葉に通底するヘルシーさを求める空気がこの時期に大きくなり、シンプルで飾らないスタイルを求めるようになっていく。

このムーブメントと足並みを揃えて人気を博したのが、ファッションブランドのJ・クルーだった。

トラッドとファストファッションが盛り上がりを見せた2007年、トップデザイナーに就任したジェナ・ライオンズが考える等身大ファッションがブレイクし、ニューヨークで一気に抜けた存在となった。ファストブランドより少し高い価格設定、品質とトレンドに注力したバランス感も、上昇気流を生んだ。日本では業績不振により２００８年に撤退していたが、アメリカに行かなくては手に入らない特別感が結果的に物欲を煽ることとなる。古過ぎないボタンダウンシャツやポケットＴシャツ、チノパンやジーンズが、Ｊ・クルーの提案する新しいアメリカンカジュアルの姿だった。そして、その足元にフィットしたのがニューバランスだったのである。

Ｊ・クルーのデザインチームが来日した際、日本でしか販売されていなかった「Ｍ１４００」のグリーンの存在を知り、展開を決めたとされる。彼らはグリーンに加えてネイビーを別注し、いずれもＪ・クルーのみで発売。こうした動きに日本のメディアが注目し、ブームを巻き起こすことになる。

写真27　ニューバランス「1400」。同社にてアメリカ生産されている代表的な一足。著者私物

「1400」は、1985年に登場した「1300」の後継として開発が進められたが、「1300」で使われたEVAをポリウレタンで包み込んだE-CAPに、耐久性、軽量性に優れた圧縮EVAのC-CAPを混合する技術とアッパーを袋縫いする技術が足りず、生産を断念。「1500」が先にリリースされることになったという、深いいきさつのあるモデルである。

それが1990年代に入り、お蔵入りしていたサンプルをニューバランスジャパンの社員が偶然に発見。過去のモデルを掘り返して作り直すアイデアに懐疑的だった本国を押し切った末に商品化したのである。後に世界的な人気を博した「1400」だが、実は長く日本のみの展開だったもので、世界は知らない品番の一つだったのだ。

テン年代での「1400」人気は、さらにこうした背景とは無縁なイメージのあるウィメンズから始まり、野暮ったく見える大きなNのロゴも、洗練の象徴に変わった。ネイビーは後に日本でも正規展開が始まり、2万5000円前後で販売されるなど、スニーカーにしてはかなり高額な価格に定められたが、見事ヒットを遂げる。

同じく高額ながら、グレーやグリーン、ベージュなども人気を博し、全国各地で入荷待ち状態が続いた。さらに「1400」と似た、アメリカ製の「996」が女性たちの欲しいものリストに連なり、1万円以下の類似モデル、アジア製「574」もその後を追うように売れた。

第五章でも説明した、「いいものを長く」の志向から生まれる生産国のこだわりや職人気質、そしてロハスという気流にニューバランスは乗り、大きな飛躍を遂げたのである。

「スタンスミス」から見たリブランディングの価値

こうした新しい志向が広まる中、ある層の日本人女性にとって、ニューバランスは初めてスニーカーでのブランドを意識する先になったと思われ、それも第三次スニーカーブームの口火となっている。

一方、世界の多くの人たちがニューバランスに夢中になっている間、ひっそりと姿を消していた一足として、アディダスの「スタンスミス」があった。

アディダスにとって過去最高のレガシーの一つで、アイコンでもあった「スタンスミス」だが、供給過多になった結果、いつしかアウトレットの定番商品になり下がっていた。ネームバリューの低下を危惧したアディダスは、そこで一時的に生産を中止することを決定。2011年以降、店頭から姿を消していたのである。

イメージの回復を目論み、約2年間の充電期間を設け、2013年に「The Return Of Stan Smith」プロジェクトを発動。プレミアムレザーと細身のシルエットを再現した新しい「スタンスミス」が、日本を代表するセレクトショップ、ドーバー ストリート マーケット ギンザで先行発売されることになった。

写真28　アディダス「スタンスミス」。著者私物

アディダスは復活を祝うショートムービーも作成。俳優のマックス・グリーンフィールドやウィル・アーネット、テニス選手のアンディ・マレー、歌手のモモ・ウーなど、各界の著名人らが発信した「スタンスミス」へのラブレターが、モデルの偉大さを物語った。またツイッターで投稿した人に、抽選で「スタンスミス」のイラストのタッチで加工された顔写真をプレゼントしたり、クリエイター集団、ライゾマティクス（現アブストラクトエンジン）によるプロジェクションマッピングを用いたダンスパフォーマンスをしたり、デジタルと結びつけた先端のプロモーションで話題を提供した。

２０１４年1月に一般発売されるも、当初は展開店舗と販売足数を絞ったことで初回分は数分で完売。しばらくの間、定価を上回って売買される状況、いわゆるプレミア化することになる。ここでの価格上昇が、一概にリブランディングが成功したかの判断材料にはならないが、定価割れしていた数年前と比べれば、少なからずシューズの価値は高まったと言えるだろう。

この時期のスタンスミス復権に最も貢献した層とは、スニーカーに関しての固定観念がなく、スタンスミスが訴求したいヘリテージと品格をスポンジのように吸収できた20〜30代の女性だっただろう。その意味で、アディダスが進めた他ブランドとのコラボレーションも的確だった。

たとえば、女性にとって憧れのブランドの一つであるセリーヌ。２００８年にデザイナーに就任したフィービー・ファイロが作り出す、無駄のない美しさと知性あふれる世界観が「スタンスミス」と結びついた。フィービー自身が愛用している姿もメディアで度々報じられ、日本のセリーヌでも、接客に携わらないバックヤード担当などの着用がルール化されていたと言う。飾らないスタイルにマッチする白スニーカーは、制服のような定番スタイルながら、それを超えたステータスアイテムとなった。

2015年にはアディダス オリジナルス バイ ハイクがスタート。セリーヌのような等身大のラグジュアリーを表現してきた日本のファッションブランド、ハイクによる「スタンスミス」や、その前身となった「ハイレット」の別注が登場。差し色すらミニマルに排除した潔いルックスが、美しいシルエットを際立たせ、高貴なものとして映し出された。

加えて2014年に始まったラフ・シモンズとのコラボレーションでも「スタンスミス」が発売。通気孔として空けたRのイニシャルが、同シューズをより特別なステージへと押し上げた。

こうしたリブランディングを根底に置いたコラボレーションが、普遍性を好むウィメンズだけでなく、モード好きやスニーカーマニアにまで、全方位的な支持を得ることに繋がった。アディダスでマーケティングを行うグローバル・ディレクターのジョン・ウェクスラーは「フィービーのおかげで女性に受け入られた」とコメント。近年の「スタンスミス」について「トレンドの連続性が機能した典型的なモデル」だと表現しているが、多くのレガシーが既に積み重なっている現在、こうしたリブランディングが、今後あらゆるシューズで試みられていくだろう。

アノニマスなピースとして

スニーカーシーンにおけるニューバランスや「スタンスミス」の人気は、結果的に「定番こそ正義」を決定づけることになった。実際、テン年代では、冒険を避けがちなコンサバティブな女性を中心に、定番を率先して選ぶことが強いトレンドになっていく。

そのトレンドを象徴する言葉の一つが「ノームコア」だ。

ノーマルとハードコアをミックスした造語であるが、その意味するものは「究極の普通」。元々ニューヨークの流行予測団体「K-HOLE」が2013年に発表したレポート「YOUTH MODE」にて「ノームコア」という言葉を公表し、それを米国の雑誌『New York Magazine』（当時はニューヨークメディア社の刊行）が取り上げると、瞬く間に流行のキーワードになった。

たとえば、Appleの創設者スティーブ・ジョブズが公式の場のユニホームとした、イッセイミヤケの黒いタートルネックにリーバイスのジーンズ、そしてニューバランスの「990」シリーズの組み合わせなどがその典型とされたが、ジョブズのようなIT界のカリスマは、イノベーションを生み出すことに集中するため、それ以外の決断回数を最小にする姿勢から、同じ服を着るという価値観がクールであるとされ、ノームコアを巡るイメージはさらに強化されていった。

そしてノームコア的なマインドは、ベーシック志向への理解に繋がっていく。

元々は多様なコミュニティーを創造するという可能性を秘めて発達したSNSだったが、いつしか同じ価値観を持った人同士が結束した「いいね！」の集合値を求めるようになっていた。結果として、個性を主張するよりも、誰かから認められることを求める風潮が強まり、「共感」がすべてにおいて影響力を持ち始めたのである。そして衣食住すべてでファッショナブルさを求めたライフスタイル全盛の時代、「はみださない＝快適な暮らし」となり、どこにでもある定番ほど心地よさを覚えるようになっていく。

定番の概念とは解釈の自由度が高く、多くの場合「シンプルな見た目」を意味する一方、「メーカーやショップが考える標準」という枠組みでも捉えられる。たとえば日本では、全国に販売網を持つABCマートを中心に販売されているヴァンズの「オーセンティック」や「エラ」、「オールドスクール」が買い求められ、その中でも特に定番カラーである黒の在庫が枯渇した。アディダスでも「スーパースター」が人気を集めると、甲部でストラップが交差する女性向けのモデル、「SSスリッポン」が大ヒット。人気の条件に「脱ぎ履きしやすい」という新しい要素が浮かび上がってくる。

その流れで、１９９０年代に起きた第一次スニーカーブーム当時の名品にも目が向けられる。リーボックの「インスタポンプフューリー」やプーマの「ディスクブレイズ」、ナイキの「エア ハラチ」や「エアリフト」など、当時は個性的であったはずのデザインが時代を経て「快適な定番」という名の元にリブランディングされ、「服に合わせやすい靴」というイメージへと変換された。

しかし、ここにノームコアに対しての誤解があったとも言える。

メンズライクを好むフィービーが展開したセリーヌのファッションとは本来、「ステレオタイプからの脱却と自分らしさの追求」がその根幹にあった。しかし、必要以上に着飾ることを求めないというそのスタイルは、いつしか閉塞的とも言える「安心感」へと意味を変え、過剰への反発を促すとともに、アノニマス（匿名性）へと定義し直されていく。

結果として、１９９０年代には、その機能性をポップな色彩感覚で表現していたはずのスニーカーも、一部は没個性と言えそうな真っ白や真っ黒へと塗り替えられ、ある意味、スタイルに溶け込むための、ただの一つのピースとしてその存在を求められるようなものが出てきている。

2010年代前半の「エア マックス」

2006年、念願の360度ビジブルエアを達成した「エア マックス」であったが、以後も年一のペースで新作のリリースを続けている。

リリース年をモデル名の末尾に付けるルールは「エア マックス 360」で一度リセットし、以後2年は同じソールを採用した「エア マックス 360 Ⅱ」「エア マックス 360 Ⅲ」をリリース。アスレチックを追求した見た目は、ストリートとの接点を失うことになるが、音楽とランニングをコネクトした「NIKE＋」が搭載され、ランナーから愛される戦略へと舵を切る。スポーツメーカーとして、至極正当なルートだと言える。

「NIKE＋」はテン年代に入ると、iPhoneなどのスマートフォンの機能向上に伴い、アプリ側ですべてを管理できるようになり、音楽再生やGPS、データの蓄積などといった機能がそちらに集約された。パソコンとの連動もなくなると同時に、シューズ自体に役割を持たせる意味がなくなり、「エア マックス 2013」をもって「NIKE＋」は終了した。

一方、完成形とも言える全方位ビジブルエアに残された伸びしろだった、ユニットを囲うケージまでも排除した進化型が「エア マックス 2009」である。ナイキはこれを「360度エアの第二世代」と呼び、2013年までにリリースされた5種の「エア マックス」

に採用した。

この5年間で生み出された「エア マックス」は、アッパーへ最新のテクノロジーを優先的に、実験的に搭載したことで、「エア ペガサス」や「エア ズーム ストラクチャー」など、他の人気シリーズと似た外観デザインになっており、個性を失っていた。それもあってか、ストリートにおけるセールスは低かったが、今振り返るとこの同質化は、その後にリリースが続いた革新的な「エア マックス」の充電期間だったとも言える。

その後「エア マックス＋2009」では、橋脚と路面を結ぶワイヤーをモチーフにした新素材、フライワイヤーを初搭載。頑丈で軽いワイヤーを熱圧着したその構造は、スニーカー業界で大いに話題になる。

さらに「エア マックス＋2010」では、フライワイヤーに縫い目を作らないNO-SAWテクノロジーを用いて、シームレス化を推進。「エア マックス＋2011」は異なる3層素材を熱圧着、1枚に結合するというハイパーフューズを採用したことで、通気性が大幅に向上した。「エア マックス＋2012」は、ハイパーフューズを強調するためか、デザイン面を更新した程度だったが、「エア マックス＋2013」ではソールのマイナーチェンジを実施。足の動きに追従しにくい一体型ソールの課題を解決するべく、屈曲性の向上を図ったフレックスグルーブを搭載された。それはユニット自体の質量が約15％もの軽量化に繋がるなど、堅実な進化であった。

ベアフット（裸足）思想が到達した「編み」

2012年のランニング市場は、シューズの性能に頼らないというベアフット、つまり裸足が神格化され、ミッドソールの高低差を設けないような裸足感覚のシューズが人気を博すようになった。これは「感覚を研ぎ澄まして、ランを自分でマネジメントする」考えを核とし、フォーム動作の改善を促し、怪我を予防し、自分本来のチカラを引き出そうという理論でもある。

ナイキはこのアプローチを1990年代から実践しており、その一つがハイテクシューズ開発のピークである1996年に発表された「エアリフト」だった。長距離界を席巻するケニア人の高い身体能力に、裸足のランニングが関係しているのでは、という仮説を立証させたシューズで、「エア ハラチ」で使われた伸縮素材のネオプレーンにストラップを設け、足の指の推進力を高めるためにつま先を分割したものだった。

ただし、日本の足袋のような独特のデザインは、日本ではむしろ不評で、しばらくしてロンドンのストリートや欧州のモードがその革新性に注目することになった。
「エア リフト」はナイキで働くウルトラマラソンランナー、キップ・バックに履かせ続け、そのフィードバックを重ねて完成させている。週に100マイル走っていたというキップは、ランニングシューズを介して得られる足の感覚に不満を覚え、それらと異なる筋肉に働きかけるランニングシューズができれば、裸足で走っているのと同じ感覚を得られるのでは、と考えたとされる。

その思想を受け継ぎ、2003年に発表されたのが「メイフライ」だ。このシューズではミッドソールに発泡素材を使用せず、耐久性を犠牲にしながら軽量性を追求する実験的な試みが行われている。薄さを重視したアッパーと素材で素足感覚に近づけたが、その分、耐用走行距離は100キロと短くなってしまう。その儚いシューズの寿命を、一生を1日で終える「ウスバカゲロウ（mayfly）」にたとえたのである。

裸足を目指すという発想は確かに革新的であるものの、アスリートの足をサポートしようと努力を重ねてきたそれまでの企業方針と真っ向から対立するコンセプトでもある。しかし研究を進めるほど、普段、靴を履かずに暮らしているようなアフリカ圏のランナーの方がランニング中の怪我が少ないこと、そしてシューズを履くよりも、裸足で走った方がフォームとしてのベストに近づき、圧力のかかる場所も理想的になることが判明していく。

そこに活路を見出したのが、2004年にリリースされた「ナイキ フリー」である。このシューズにおいての革命は、本来は靴型から作っていたものを、足型から作る発想に変えたことにあった。実際に着用して走ると、それまでのランニングシューズより、踵や脹脛（ふくらはぎ）が疲れる感覚を覚える。ランニング時の小さな筋肉の動きが、いかに高性能なシューズによって守られていたかを、多くの人が実感する機会となり、自分の足をより効率的に鍛えることを可能とした。パーツのレイヤーによって機能を複雑に盛り付けるのではなく、見た目を削ぎ落とすための機能を開発することで、ユーザーとシューズが一体化し、その感覚に頼ることを求めた。

こうした新しい発想や思想を叶えるためのテクノロジーが、テン年代に入って「21世紀においてのハイテク」と認知された。

日本で言えばiPhoneなどのガジェットの進化や、移動しながら働くノマドワーカーの登場、さらには断捨離ブームや健康志向。これら時代のニーズを、大震災を経たことでより意識的に受容するようになり、無駄のないスニーカーが求められていく。そうした方向性を入れ込み、瞑想や禅をコンセプトに掲げたミニマルな「ローシ」が2012年にリリースされると、これも世界中でヒットとなった。

さらに同年、シューズの構造やサポートを一つのレイヤーで完結させるという思想を持って、一本の糸で精密に編み上げる「フライニット」が発表された。

写真29　ナイキ「ルナ フライニット HTM」。WORM TOKYO 提供

当時、ナイキのCEOを務めていたマーク・パーカーは「フライニット」を「第二の皮膚」と形容したように軽量性に優れたシームレスな構造は非常に画期的だった。それは材料費の節約に繋がり、環境にも優しい。

さらには、その製造にコンピューター管理システムを導入したことで、工程の無駄や人件費を削減できた上、人の手を介して表現できない精微なシューズとなり、品質の均一化に成功した。まさにベネフィット三昧のエポックメイキング的な一足だった。

なお、ナイキが求めるフィットの概念はたびたび更新され、特に「エア マックス＋２００９」以降、軽さとシームレスを追求しながらサポート性を高めるべく、あらゆるテクノロジーを組み合わせて、理想的なアッパーの実現を追求している。

その中でも「フライニット」は、徹底したフットマッピングに基づき一本の糸を編む工程を経ることで、フィット性を高めるだけでなく、骨組みとサポートを作ることができた。しかも通気性が不可欠な部分に、十分なエアレーション（通気）機能を持たせることまで可能となったのである。

20世紀のシューズは、基本的に部位で素材を変え、補強するという概念をもってアップデートされてきた。しかし21世紀には、1枚の素材でどこまで機能を追求できるかが、アドバンスの余地となった。それゆえ素材や縫製箇所を限りなく減らすことが求められ、そうした理想と技術の集大成が、ついに「編みですべてを賄う」という帰結点へとシューズを至らせたのである。

変わらない藤原ヒロシの影響力

「フライニット」は、マーク・パーカーとティンカー・ハットフィールド、そして藤原ヒロシによるコラボレーション、ＨＴＭを通じて、２００４年に少量をリリースした「ソックダート」が直接的な影響を及ぼしている。「ソック ダート」のアッパーではコンピューターを使ってニットを丸く編むという方針が取られたが、「フライニット」では試行錯誤の結果、平らに編む方法に辿り着いた。

「ソック ダート」のリリース前後から、HTMは既存モデルのアップデートより、最新のテクノロジーやコンセプトにチャレンジする場としての役割を担うようになった。それが先述した「21世紀においてのハイテク」の追求に貢献し、それが裏原宿カルチャーを通過した東京ストリート層とも結びついていく。

「フライニット」を使った最初のモデルは「フライニット レーサー」と「フライニット トレーナー+」の2種である。

いずれもニット素材であることを強調するべく、色のついた糸をあえてミックスしたアッパーが特徴だった。そしてお披露目がHTMだったことで、「フライニット」が今後のナイキにとって核となるアイテムであり、その対象範囲をランニングだけでなく、ライフスタイルにまで波及させようとしていることを市場に確信させた。

そして藤原が、「フライニット」を「オールド ミーツ ニュー」と表現したことは、何よりもこの先進的なデザインを1990年代から育まれてきたストリートの文脈と、わざわざ分断する必要がないことをあらためて証明した。

なお、その彼の影響力は2010年代に入っても強まるばかりである。それを加速させたのが、彼が手がけるフラグメントデザインとのコラボレーションで作られた「エア ジョーダン 1」のリリースだっただろう。

実はこれが「エア ジョーダン 1」にとって、世界で初めてのコラボレーションだったことはあまり知られていないかもしれない。ナイキと直接契約しているという、藤原ならではの偉業とも言える。藤原がディレクションしたコンセプトストア、the POOL aoyamaで2014年末に先行発売されると、店頭には2000人を超えたとも言われる、あまりにも長い行列が生まれた。

さらに機能を視覚化するため、メインカラーには識別しやすい色が用いられるのがスポーツシューズの常であるが、以前から派手な色を好まない藤原がアッパーとソールがともにブラックの「エア マックス 2015」を着用する姿が度々報じられると、ストリートの間で人気を博し、「オールブラック」は特別なカラーになった。

こうした例は枚挙にいとまがない。発信媒体が雑誌からインスタグラムに変わろうとも、カルチャーの中心が東京から世界に移ろうとも、彼の影響力だけは1990年代から今に至るまで、まったく変わっていないことは断言できる。

アーバンカルチャーとシュプリーム

テン年代、最もスニーカーカルチャーの発展に寄与したブランドと言えば、それは間違いなくシュプリームだろう。

１９９４年にニューヨークで生まれたシュプリームは、スケートの枠を超え、あらゆるストリートカルチャーと結びつき、２０００年代に入ると唯一無二のポジションを確立。その成功を糧に、コラボレーションという形態を連発し、ブランドの価値をさらに飛躍させたのが、テン年代だった。

日本におけるシュプリームは当初、裏原宿カルチャーの範疇で取り扱われていた印象がある。それがテン年代には新しい施策を通じ、若年層のファンをも獲得した。そのきっかけは、エイサップ・ロッキー（本名：ラキム・メイヤーズ）だろう。

ロッキーは、２０１１年に映像や音楽、ファッションなど、枠組みに縛られず、様々なクリエイターたちが所属するニューヨークのヒップホップ集団、A$AP Mob（エアサップ モブ）に加入。この集団は音楽だけでなくハイブランドの広告塔として起用されるなど、ファッション業界にも精通しており、アメリカでは既に知られたクルーだった。その中でもロッキーの活動は華々しく、瞬く間にスターダムを駆け上っていく。

ラフ・シモンズのコレクターでもあるなど、コアなファッション好きで知られるロッキーは、2013年に自身のファッションへの情熱と愛情を表現した楽曲「Fashion Killa」を発表。足元にラフ・シモンズとアディダスがコラボレーションした「スーパートレッカー1」を履いたリアーナをシンガーに迎えたその歌詞にはプラダやバレンシアガ、ヘルムート・ラング、ジル・サンダーなど、錚々たるブランドが登場。「スニーカーはビズビム」という歌詞は日本でもちょっとした話題となった。

ロッキーとリアーナが主役を務めたPVで、二人はシュプリームをメインに着用し、これがまた人気を加速させた。同ブランドを支えてきた根強いファンに、「アーバンカルチャー」と呼ばれるヒップホップ新世代の影響力が加わり、新規ファンが一気に増加。しかもその層の大半を占めたのが、近年経済的に力をつけ、アメリカの動向を追ってきた中国人であったことが、その爆発力を増幅した。

シュプリームのコラボレーションは、1シーズンで30近くも行われる。そのため話題のトピックの陰に隠れてしまうプロジェクトも存在するが、2014年の春夏シーズンは、インパクトが絶大だった。このシーズンでは、ナイキはもちろん、ヴァンズとザ・ノース フェイス、コム デ ギャルソン シャツ、ブルックス ブラザーズとまでコラボレーション先のテイストが幅広い。また the POOL aoyama のオープンを記念したTシャツを発売している。

この時期から、シュプリームがハブとなり、ファッションシーンが大きく動きだした。シュプリームにあらゆるジャンルへとリーチできる絶対的な存在感と、複雑で幅のある選択を行える圧倒的なセンスがそれを可能にしていた。

そしてテン年代における、スニーカーヘッズの急激な増加の背景には、こうしたアーバンカルチャーとシュプリームのマッチングが生み出した、多くの新規ファンの存在があったと言って間違いない。

中国マーケットを支えるバスケットボールカルチャー

新作スニーカーの発売日が、サイトやアプリを通じてアナウンスされるのは今や常識だが、2014年の4月3日に発売されたシュプリーム別注のナイキ「エア フォームポジット ワン」は、スニーカー好きの心を鷲掴(わしづか)みしたモデルの典型だった。

ちなみにこの頃から、入手困難なスニーカーを所有するために心血を注ぐマニアやコレクターのことを「スニーカーヘッズ」と呼ぶようになっていたが、ヘッズたちは発売前夜どころか、発売日が発表されたその後からシュプリームの店前に集まるようになり、その様子はYouTubeなどで拡散された。ニューヨークではあまりの人だかりに暴動を懸念した警察が、発売中止を要請。オンラインのみでの販売となった一連の出来事は、ABCニュースなどでも報じられた。

元々「エア フォームポジット ワン」は1997年に登場したバスケットシューズである。マイケル・ジョーダンの再来とも言われたペニー・ハーダウェイのシグネチャーモデルで、カメラの保護ケースや甲羅をイメージしたとされるアッパーがその特徴だ。ポリウレタンを鋳型にはめ込み、立体成型したシームレスなデザインが未来を予感させた。

なお、この頃の日本は「エア マックス 95」に代表されるランニングシューズブームの過度期にあたり、人気はローテクやヴィンテージに移行しつつあった。既にNBAからトレンドを取り込もうとする動きがストリートからはなくなっていたこともあり、1990年代のブームを経験した世代は、このモデルにさほど大きな反応を示していない。

熱狂したのは、むしろ新しいものを純粋に受け入れる若者、そして中国のマーケットである。特にスニーカーブームの発端がバスケットボールにあった中国では、その反響は絶大だった。

日本よりやや遅れて1990年代後半、自国でもNBAが視聴できるようになったのが、ちょうどマイケル・ジョーダン率いるシカゴ・ブルズが二度目の3ピートを達成した1996〜1997年頃のこと。その最中に「エア フォームポジット ワン」がリリースされていたこともあり、中国におけるスニーカーの価値観を形成する重要なモデルになっていた。

現在、日本に比べて中国のバスケットボールマーケットはかなり先を進んでいる。2002年、229センチを誇る長身センター、ヤオ・ミンがアジア初となるドラフト全体1位指名でNBA入り、という快挙を果たしたことが背景として大きい。

ヒューストン・ロケッツに入団したヤオは「歩く万里の長城」のニックネームで親しまれ、リーグを代表する選手として活躍。その大きな背中を追い、多くの選手がアメリカへ羽ばたいたこともあって、バスケ人気は今に至るまで途切れていない。だからこそ「ジョーダン」もブランド名としてではなく、選手としての理解がある前提で、「エア ジョーダン」の偉大さが認められている。

シュプリーム別注のナイキ「エア フォームポジット ワン」に話を戻すと、このコラボレーションには、赤や黒のカラーリングや中世の装飾を思わせるゴールドのグラフィックが用いられており、アメリカの派手好き志向と、中国のルーツを同時に刺激しているかのようで、両者の感覚が、実は近い距離にあることを証明しているようにも感じられた。しかもそれは、SNSで目立ちやすい「映える」ルックスでもあった。それもブームのティッピング・ポイント（転換点）を担う一足になった。

先述したが、自国に直営店がない中国にとって、シュプリームを正規ルートで手に入れるのは大変だ。オンライン抽選にも参入できないため、転売か、発売日の情報を頼りに直接店頭に並ぶしか購入する方法がない。ちなみに2021年現在、世界に12店舗存在する直営店の半分が、日本国内（代官山、渋谷、原宿、名古屋、大阪、福岡）に存在する。その人気に比して、自国ではそのアイテムが買えないことに地団駄を踏み、もしくは指をくわえながら、中国マーケットは日本を見つめていたのではないだろうか。

情報を発信するのは誰か

テン年代前半におけるスニーカー市場を振り返れば、それはアディダスの独壇場だったとも言える。「スタンスミス」の話題で登場したジョン・ウェクスラーは、ナイキと契約していたラッパーのカニエ・ウェストをアディダスに引き抜いた人物としても知られ、その後はファレル・ウィリアムスらとのコラボレーションも実現するなど、数々のプロジェクトを成功させた敏腕だ。

アディダスは21世紀になっても、音楽性と強い結びつきを保つことで多くのファンを獲得してきた。特に現代ではＳＮＳの浸透により、強い発信力を持つインフルエンサーとそのフォロワーとの関係性が強くなり、前者の行動や言動の影響をファンがダイレクトに受けやすくなった。

テクノロジー面でもアディダスはナイキと競い合うかのようにフィットとクッションを更新し続けてきた。２０１３年、アディダスはドイツのBASFによって開発されたBOOSTテクノロジーを搭載したランニングシューズ「エナジーブースト」を発表。なおBASFは、１９５１年に発泡スチロールを産み出した、由緒ある化学企業である。

BOOSTの正体を端的に言えば、熱可塑性ポリウレタン素材を発泡させたものである。その中にはゴムの風船のような性質を持った小さな空気の部屋が無数に存在し、それが粒子としてとどまり続けることで高いクッション性を発揮している。押せば空気が逃げて形状が変わるスポンジとの大きな違いは「滞留」だ。

アディダスは長く、レトロを生かした積極的なマーケティングによってコアなファン層を育んできたが、テン年代における成功のカギは、アイテムのパフォーマンスとストリートを包括した戦略にこそあった。

たとえばランナーにとってのBOOSTは、ケニア人のキプルト・キメットがベルリンマラソンで世界記録を打ち出した際に着用した革命的なソールであったが、スニーカー好きにとっての魅力はカニエ・ウェストが愛用するハイプなエッセンスにこそあった。

1990年代半ばにプロデューサーとしてデビューしたカニエの地位は2000年代には既に確立していた。ジェイ-Zやコモンなどのアルバムプロデュースで高評価を得るだけでなく、2005年は自身のアルバム『Late Registration』（Roc-a-Fella）が全米1位を獲得。2008年には『808s & HEARTBREAK』（Roc-a-Fella）が大ヒットとなる。

エレクトロなソウルやジャズがクロスオーバーし、サウンド自体をアップデートしたカニエの音楽的実験性は、ファッションも横断していく。アラン・ミクリのシャッター・サングラスや派手色のGショックなど様々なアイテムをヒットさせ、ファッションアイコンとしての地位を確立した。

その高い影響力に着目したナイキは、カニエのニックネームを使った「エア イージー」を2009年にリリースしている。結果的に在庫は一掃されたが、それでもまだ日本ではシーンを賑わすほどの話題性はなかった。続いて2012年に発売した「エア イージー 2」では、プラチナムとブラックを同時発売。この頃になると、発売時には長蛇の列ができ商品は即日完売となるようになる。

しかしその後、金銭面のトラブルを理由にナイキとの契約解消を発表。すっかり音沙汰がなくなり、ディスコン（打ち切り）と思われていた2014年2月、すべてのパーツが赤で統一された、通称「レッドオクトーバー」がゲリラ発売され、スニーカーヘッズを慌てさせた。リリースの事前告知がなかった上、次のコラボレーションも見込まれない。この二つが結果的にファンを扇動し、セカンドマーケットでの価格は100万円を超えるプレミアムモデルとなったが、この盛り上がりもまた、今のスニーカーブームのプロローグだったと言える。

異常とも言える盛り上がりを経て、世界で最も影響力を持ったスターが選んだ次の契約先が、アディダスだった。2015年、「エア イージー2」の興奮冷めやらぬタイミングに「イージーブースト350」をリリース。フィットに優れたプライムニットとBOOSTソールが融合した最新のテクノロジーで構成された一足で、大ヒットを遂げる。さらにこの後、カニエ自身が発売情報をリークした真っ白な「ウルトラブースト1・0」は世界的なヒット作となった。

その後、アディダスとカニエが行った「adidas + KANYE WEST」では「イージーブースト」が継続してリリースされ、シリーズ化していった。オリジナルスの醸し出すレトロな魅力が支えてきたアプローチを、一挙にハイテクに転換したという意味で、カニエとのコラボレーションの成功はアディダスにとってエポックメイキングな出来事になった。

味気ないメーカー公式のリリースより、絶大な影響力を持つスターによる情報解禁のほうが、はるかに価値があることを、長くアーティストに寄り添い続けてきたアディダスはよく知っていたのだろう。そしてこうした計算し尽くした発信方法が、各社においてもマーケティングの成功を決定づけるようになっていく。

写真30　アディダス「イージーブースト350」。WORM TOKYO 提供

デジタル施策がブームを生む

その頃のナイキは、1987年に最初のエア マックスが誕生した3月26日を「AIR MAX DAY」と制定。2016年に誕生祭として「AIR MAX CON」をニューヨーク、香港、東京の3都市で開催した。その目玉企画が、29年で発売に及んだエア マックスから100足をノミネートし、その中からベストを人気投票で決める「VOTE BACK」キャンペーンである。公式サイトから一日一回、投票ができるシステムを設け、ウィナーとなったモデルの復刻を確約した。

そこで優勝したのが2007年、アトモス別注で発売された「エア マックス 1」だった。ディレクターの小島奉文がデザインしたのは、初代シュプリーム別注の「ダンク SB」でも見られた「エア ジョーダン 3」へのリスペクトに加え、翡翠色のアクセントも融合した通称〝エレファント〟。水に浸かる野生の象というイマジネーションを具現化したカラーストーリーは、地層と人体にヒントを得た「エア マックス 95」の背景にどこか似ている。

小島は「エア マックス 95」の登場で開眼したスニーカーへの興味から裏原宿カルチャーに傾倒し、文化服装学院を経て、チャプターへとアルバイト入社した。経験と愛情に裏打ちされたスニーカーについての豊富な知識をミキシングし、ストーリー化することで新しい価値を市場に再定義していった。１９９０年代をリアルに体験して得たバランス感覚で、ミレニアム以降の消費者のニーズを満たすことができる、慧眼の持ち主と言える。

生誕30周年となった２０１７年には、過去ではなく、未来へ向けた「VOTE FORWARD」キャンペーンを開催。世界各都市から選出された12名のデザイナーが、歴代のエア マックスを自由にカット＆ペーストして未来のエア マックスをデザインするという、投票式のコンペティションを行った。

それ以外にもゴージャスな企画は続く。

３６０度エアがミッドソールと一体化した一方で、課題であった足裏の屈曲性にフォーカスしたテクノロジー、ヴェイパーマックスを開発。足の構造をマッピングデータで解析することで必要なエアの分量と配分を特定し、屈曲溝を増やすことに成功する。９つに分割されたポッドは、極めて効率的な発想でデザインされ、見た目のインパクトを最大化させた。

写真31　ナイキ「ヴェイパーマックス」。著者私物

新作は、上野の東京国立博物館表慶館で開催された「AIR MAX REVOLUTION TOKYO」でお披露目された。会場には音楽とファッション、映像とアート、スポーツなどをデジタルによって結びつけた様々なコンテンツを回遊式に展示。さらに来場者を対象にしたアパレルのカスタマイズサービスや、インターネット上で予選を競い合ったクイズ「SNKRS CUP」の決勝ラウンドを現地にて開催し、その模様をYouTubeで配信した。

オンラインとオフラインを接続して無意識に行き来させるような体験をユーザーへ与えたのは、最新のデジタルテクノロジーだった。これは次世代のマーケティング「ＯＭＯ（Online Merges with Offline）」の概念に近い設計でもある。その中でも、２０１７年のエア マックスデイは、様々な価値観を持つスニーカー好きを集客させたことで、掛け算式にコミュニティーを育むことができた成功事例だった。

今や「エア マックス」にまつわるマーケティングは、その時、ＯＭＯについて考えられる可能性を尽くしたような展開となっており、その点において、ほかのメーカーのつけ入る隙が見当たらないほど、ナイキ一強の基盤を築いたと言える。

ビッグ・コラボレーションの功罪

果たして2017年は、そうしたコラボレーションの蕾が一斉に開花したような一年だった。

ナイキでは「ヴェイパーマックス」の発売とほぼ同時期である3月末、グラフィティアーティスト、カウズとコラボレーションした「エア ジョーダン 4」をリリース。かなり限定した店舗でのみ発売となり、オンライン発売はなかった。暗闇で発光する蓄光素材が特徴で、ヒールにはカウズを象徴する「XX」が刺繍された。

さらにフランク・ゲーリーのもとで学んだ現代アーティスト、トム・サックスが手がける「マーズヤード2・0」を6月に発売。このスニーカーは2012年、身近な素材を寄せ集めてアートに昇華するというDIY志向のカプセルコレクション、「ナイキクラフト」から続くストーリーだった。

「宇宙飛行士が火星に持っていくもの」というコンセプトで作られたシューズは、トム自身が初作を履き続けて得た耐摩耗性などのフィードバックをもとに改良されたものである。そして、ものづくりの持続性や透明性を重視し、原材料を包み隠さず公表しようというナイキクラフトの理念は、幻想ばかり膨らませる過剰な広告へのアンチテーゼでもあった。

その正直すぎる思想は、環境問題や多くのマイノリティーと向き合う時代と相性が良かったようで、結果的には「マーズヤード２・０」は二次流通市場で５０００ドルを超えるモンスタースニーカーと化けてしまった。

スニーカーとの直接的な関係はないが、「マーズヤード２・０」の発売と同じ月に、シュプリームとルイ・ヴィトンのコラボレーションアイテムを販売する期間限定ショップが南青山にオープン。連日数千人規模となる行列が生み出されることになる。その異常とも言える盛り上がりはテレビのワイドショーなどにも取り上げられた。ブランドの掛け合わせが高い物欲をもたらすことがあらためて周知され、コラボレーションが何かにつけて検討されるようになった。

9月には、カニエに才能を見出されたオフ - ホワイト c/o ヴァージル アブローでデザイナーを務める、ヴァージル・アブローとナイキによる「The Ten」コレクションがニューヨークで先行発売された。これはナイキを代表する10の既存モデルを、ヴァージルがリデザイン（再設計）するプロジェクトで、日本では約2ヶ月遅れてリリースされた。ドーバー ストリート マーケット ギンザでは本人とファンによるミート&グリートが開かれ、参加希望の応募数は2万通を超えたとされる。

写真32　ナイキ「オフホワイト The Ten エア ジョーダン 1 “シカゴ”」。WORM TOKYO 提供

アーバンカルチャーが生み出した米国紳士たるヴァージルは、現代アーティストであるトム・サックスを自らのアイドルと慕い、スニーカーを「スカルプチュア（彫刻）」だと公言している。「The Ten」で用いられた剝がれかけのスウッシュや、無味無臭というメッセージを込めたヘルベチカ書体のオフセット印刷は、ヴァージルが数々のインタビューで主張してきた「スニーカーにおけるポストモダン時代」を象徴している。

その年、11月にカリフォルニア州ロングビーチで開催された世界最大級のスニーカーコンベンション「コンプレックスコン」は、３年目を迎え、圧巻の盛り上がりを見せた。芸術家の村上隆とともにホスト役を担ったファレル・ウィリアムスはイベントのヘッドライナーを務めたN.E.R.Dに敬意を込め、アディダスから特別な「ＮＭＤ」を３００足限定でリリース。こちらも発売してまもなく、市場価格は４０００ドルを超えた。

もはやビッグ・コラボレーションこそ、桁外れのヒットをもたらす起爆剤として誰の目にも明らかになった一方、それによって生み出されるモンスタースニーカーは、一般人にとっては、これまでの常識を超えたお金を積まなくては実物を手にすることのできない、あまりにもかけ離れた、遠い存在になってしまった。

プレ値を更新しているのは誰か

先述したが、今はコロナ禍で抑えられているものの、日本観光を希望する機運は強い。政府観光局による訪日外客数によれば、2014年は約1340万人だったのが、翌年には1974万人に増加。さらに観光庁の訪日外国人消費動向調査によれば、訪日外国人旅行の消費総額は2014年の2兆305億円から、2015年は3兆4771億円まで爆増した。

その勢いの中心はもちろん中国人富裕層だった。彼らは定価で買えなければ、それよりも高価格のセカンドマーケットで躊躇なく買う。それも含めての「爆買い」だったわけで、その「爆」の対象の一つがスニーカーだった。

それからより経済的に豊かになったことで、スニーカーに興味を持ち始めた人が増えると、彼らは主観的な「かっこいいもの」より客観的な「価値の高いもの」を欲しがるようになる。それはある意味、１９９０年代の東京のストリートと同様の流れではあったが、その繰り返しが多くの転売ヤーを生み、リセール市場の相場を釣り上げてきた。

その文脈でヒットしたのがナイキの「エア モア アップテンポ」だろう。ジョーダンの相棒、スコッティ・ピッペンが着用したことで有名な１９９６年に発売されたモデルだが、発売当時は１９９０年代らしい、ずんぐりむっくりなシルエットへの評価が低く、加えてサイドの大きなＡＩＲの文字もスタイリッシュと呼べるものではなかった。

しかし２０１２年、１９９６年に発売されたアトランタオリンピックカラーが復刻される。アジアの大スター、G-DRAGONが着用したことで韓国や中国から火が付き、日本にも飛び火した。２０１６年には二度目の復刻を遂げると、２０１７年にはシュプリームが「エアフォームポジット」と同様に赤と黒、ゴールドの3色で別注。入手困難となった。

こうして記すとわかるが、今現在、主に日本のカルチャーが育んでいるような定番やクラシックを評価する本質的な視点に対し、海外のスニーカーヘッズの関心は明らかに薄い。一方で、とにかくインスタ映えするようなモデルを所有できたことに対しての承認欲を、ＳＮＳの「いいね！」で満たすのに醍醐味を覚えている。

つまり、過去から続く価値基準を持った往年のスニーカーマニアと、それとまったく関係なく急増した新しいスニーカーヘッズとの間には大きな隔たりが生まれており、しかも後者を中心としたマーケットが確立しているというのが実態だ。

発信が所有の目的となれば、履き古されたユーズドを欲しがる人の数は減る。新品の取引だけがいたずらにプレ値を煽るようになり、適正価格などは通用しなくなった。結果として二次流通市場で10万円オーバーが当たり前となり、そうした動きも、テン年代半ばから今に至るまでずっと進んでいる。

アーバンカルチャーを時差なく追いかけようという中国の盛り上がりと、インスタグラムの同じ時期の発展は、それまでニッチなアイテムで、ファッションの一部に過ぎなかったスニーカーを、腕時計やジュエリーと等しいアクセサリーの地位へと引っ張り上げてしまったのである。

モードが生んだ新しいフォルム

テン年代のストリートにおいて、モンスター級のスニーカーがはびこる中、モードにおけるスニーカーの立ち位置にも変化が生じていた。

その起点になったのは、決して裕福なエリアではないジョージアの出身であるデザイナー、デムナ・ヴァザリア。彼は、スニーカーを自らのコレクションに不可欠なピースとして取り上げた。

デムナは、ハイファッションの登竜門であるベルギーのアントワープ王立芸術アカデミーを首席で卒業した後、マルタン・マルジェラやルイ・ヴィトンなど様々なハイブランドで経験を積んだ。その後、２０１４年に自らのブランド、ヴェトモンをスタートさせる。

叔父のお下がりを着て育ったという自身の庶民的体験が反映されたヴェトモンのコレクションは、華やかなクチュールの世界に一石を投じるような大胆かつ野暮で、ストリートを強く感じさせるシルエットが主体となっている。

その独自性はすぐさま各界から絶賛され、２０１５年にはバレンシアガのディレクターへと就任する。デムナが発表した２０１７年の秋冬コレクションは、「フォーマルな装いの硬さや冷たさを取り除き、快適なものにしたかった」という彼のコメント通り、様々な労働者のスタイルを表現。大きな服のシルエットに合わせるべく、過剰なボリュームを持たせたスニーカー「トリプルＳ」を発表した。これがまた大きく話題となる。そして「ランウェイ発のスニーカー」という稀有な事例が新しいトレンドの起点になった。

不恰好にも見えるそのフォルムは、派手好きな成金主義向けとも思われがちだが、ユニホームへの関心が強いデムナならではの現実主義的なアイデアに即したアイテムと言える。彼が参考にしたのは、機能の可視化に注力した1990年代後期のアスレチックシューズ。それらが持っていたフォルムやレイヤーに美を見出し追求するという、言わば「既存のアイテムをモードの世界観に落とし込む」というコンセプトが下地としてあった。

2017年9月には日本国内で販売を開始した「トリプルS」は、税込みの定価が10万円を超えた。スニーカーとしてはかなりの高さも話題になり、パリやミラノなどのコレクション会場や、ピッティ・ウオモといった世界中のファッション関係者が集まる展示市でも多くの目をひいた。

かつてそうした展示市での様子を取り上げるのは、イベントからしばらく経って刊行されるファッション雑誌のスナップ特集だった。しかし、今ではインスタグラムがリアルタイムに状況を配信してくれる。そのため、もし店頭で初めて出会っていたら奇抜さを覚えたかもしれない一足も、トレンドの先端にいるエディターやスタイリスト、モデルらが注目し、自らの足元に選ぼうとした感覚がそのまま瞬時にフォロワーに伝わり、消費者の目の前に来る前の時点で、マストアイテムとして認識されていった。

何層にも及ぶパーツの複雑なレイヤーは、フルーツやクリームをたっぷりと盛り付けたケーキのようにデコラティブだ。片足だけで1キロ近い重量があり、これはレッド・ウィングを代表するワークブーツ、アイリッシュセッターなどより重い。おそらく1日歩けば、足はまるで筋トレ後のようにしっかりとむくんでしまうだろう。

しかし人々は、「トリプルS」のようなプレミアムスニーカーにスポーツシューズと同じような快適性などまったく求めてはいない。プレミアムスニーカーは、足を入れた途端、あたかもセレブリティーになったような高揚感を生み出す魔法のステータスアイテムなのであり、消費者から求められているのは、機能性やDNAでなく、ただただSNS映えする、過剰とも言えるデザインだったのである。

身体のラインを美しく見せるジャストやスキニーが、ファッション的な高い感度から生まれたものであるなら、デムナらが提案した誇張されたオーバーサイズは、正反対となる無関心風と解釈できるだろう。そして後者の流れで注目を集めるようになった、ソールが分厚く野暮ったいデザインをまとったスニーカーは、いつしか「ダッドシューズ」や「アグリー（醜い）シューズ」と呼ばれ、スポーツブランド勢の狙いとは、まったく別の角度から注目を集めるようになる。

ダッドシューズがもたらしたもの

「ダッド」と聞くと、多くのアメリカ人は郊外に住むような、おしゃれに無頓着な父親を思い浮かべる。ファッション的には〝圏外〟と呼ぶべきフィールドだ。「トリプルS」からの流れでダッドシューズがトレンドになると、ファッション業界はより値頃なナイキのシューズを再発見した。それが「エア モナーク」だった。

デザイナーを務めたジェイソン・メイデンは、休日に庭で芝を刈り、車でモールへ買い物に行くような、どこにでもいるアメリカの父親像を徹底的にリサーチし、ファストフードのような大衆感を目指して、「エア モナーク」を生み出したという。

そのため販売店舗も郊外のデパートやフットロッカーなどのチェーンストアが主体だった。2021年現在、4代目となる「エア モナーク 4」が発売されている。決してファッションと交わることのなかったシューズだが、ナイキのドル箱だった。

ファッションアイテムとしてのダッドシューズの功績とは、メゾンの高級スニーカーと、1990年代時点でのハイテクスニーカーという、まったく異質なものを交わらせ、その合流点を多くの人々に認知させたことにあるだろう。結果、スニーカーヘッズが求めるようなストリート的な血中濃度は薄まり、スニーカーは万人にとってより身近な存在となった。

モードのランウェイ側からじわじわと広がりつつあった価値観。しかし定番やハイテク、特別なコラボレーションや復刻、世の中に流通数が少ないというレアさを神格化するヘッズたちは、ある意味「どこにでもありそうな」ことをコンセプトとするスニーカーの活況に、当初嫌悪を示した。

むしろダッドシューズを歓迎したのは、スニーカーの蘊蓄話にアレルギー反応を示すような、「それっぽい」感じを好むライトユーザーだった。そして彼らから好感を得たことで、ビッグメゾンはもちろん、H&MやZARAといったファストブランドまで、次々とダッドスニーカー（風のもの）を製作するようになっていった。

写真33　ナイキ「エア モナーク」。著者私物

そのような中で「スニーカーとはスポーツメーカーが作るもの」という凝り固まったイメ

ージもすっかり取り除かれ、エッセンスさえ汲み取っていれば誰でも作って良い、売って良いという気軽さが拡散。スニーカーの裾野をさらに広げるとともに、ダッドシューズは誰のためのものでもなく、本来の解釈通り、「どこにでもありそうな」スニーカーの地位へと再び落ち着いていった。

同じようなデザインで、ロゴさえ隠せばどこのブランドかわからないスニーカーが巷（ちまた）にあふれる。どこかのブランドの単体モデルがずっと一人歩きするのでなく、何かしらのパブリックイメージが確立されたことで、長期的なムーブメントを作る。これこそまさしく「流行」と言えるだろう。

そして、当初こそダッドスニーカーに嫌悪を示していたスニーカーヘッズたちも、崇拝するカニエ・ウェストが手がける「YEEZY」シリーズに変化が生まれたあたりから、徐々に受け入れるようになった印象がある。

最新のアッパーとソールの組み合わせた「イージーブースト 350V2」から一転、2018年に発表した「イージーブースト 500」と「イージーブースト 700」は明らかにダッドシューズの流れを汲み取ったボリュームが、その特徴だった。「トリプルS」と同じようにセレブリティーとストリートを繋げた「YEEZY」をもって、最新の流行を追い求め続けるハイプに、カニエは無関心風のデザインを受け入れさせたのである。

なお、断続的にリリースされた「The Ten」も、「トリプルS」から派生した多くのダッドシューズも、ヴァージルらがシーンで提案し続けている「ポストモダン」で括れると著者は考えている。

因習的な知をクリエイティブによって解体し、新たな探求へと導くというポストモダン。名品のリデザインも、1990年代のハイテクに美的感覚をもたらそうというダッドシューズの理念も、大局的にはマキシマリズム(最大主義)、パスティーシュ(模倣)といった手法から見れば、きっと同じ位置に存在するのではないだろうか。

ウィメンズの開花がもたらしたもの

スニーカー業界において、メンズに比べてカルチャー面などでの凝り固まったところが少ないウィメンズ市場は、無限の可能性を秘めたフィールドである。

かつては、メンズで評価を得た要素をウィメンズにトレースするような発想がほとんどだったが、テン年代以降、それとまったく違う角度から生まれた定番モデルの活況に手がかりを得たメーカーは新たな戦略を練り始めた。そこで出てきたのが、女性らしいカラーリングにポストモダンの概念を取り入れたリデザインである。

ナイキは２０１８年に、社内から選抜した14人の女性デザイナーが手がけた「ザ ワン リイマジンド」を発表。これは「エア フォース 1」と「エア ジョーダン 1」を女性の視点でリデザインしたもの。目的は、より女性の消費者に近い目線に基づいたトレンドをレガシーに盛り込むことで、その魅力を最短距離で届けることこそにある。

メンズのスニーカー市場では、相変わらず「復刻」に大きな価値があり、中でも再現性の高さが最良とされる部分は基本的に変わっていない。しかし女性は、今現在、純粋に「美しい」「欲しい」と感じるものを評価し、カラーやシルエットのかわいさ、美しさを最優先で求める。ダッドシューズがウィメンズで大きなトレンドになりえたのも、それがトレンドのファッションと調和すること、そして定番をきっかけにスニーカーカルチャーが浸透した先で、繰り返されるアップデートとハイブリッドを認めるところまで市場が成長できた、といった要素が揃ったからに他ならない。

たとえば、２０１８年にリリースされたアディダスの「ファルコン」は、まさに女性向けに生み出されたダッドシューズだ。ベースは１９９７年のランニングシューズ「ファルコンドルフ」だが、そうした経緯や仔細とまったく関係なく、徹底して現代的にリファインし、万人に愛されるチャンキーな（ずんぐりとした）雰囲気を作り出したのが人気の理由だ。

ビームスやユナイテッドアローズらの人気ショップからの別注も登場するなど、ファッション目線に立って用意した多彩なカラーも新規ファンから大いに受けた。「足元にボリュームを持たせると脚が細く見える」といった美的効果も、その人気を押し上げたように思う。

つまり、足元にスニーカーを選ぶことが初めてトレンドとなったテン年代前半からわずか数年で、自分らしさを追求し、個性を表現するツールへと、女性の中でのスニーカーの存在意義が大きく変わっていったのである。

写真34　ナイキ「サカイ LD ワッフル」。著者私物

なお海外のファッションサイト「COMPLEX」が毎年発表する「The Best Sneakers of 2019」によると、2019年、最も世界にインパクトを与えたスニーカーはナイキが、日本のファッションブランド、サカイとコラボレーションした「LDワッフル」とされる。「LDV」と「デイブレイク」、1970年代を象徴する2足の

ランニングシューズを、まるですかし絵を重ねるように融合した一足は、歪でボリュームのあるフォルムがその特徴だ。

2位は、今やカニエやヴァージル級に一挙一動が注目される人気ラッパー、トラヴィス・スコットが手がけた「エア ジョーダン 1」。こちらはアッパーの外側に貼られた定番のスウッシュを逆さに貼り付けたことが、固定観念にとらわれていたスニーカーヘッズたちへ大きな衝撃を与えた。

両者に共通するのは、単純にアーカイブの色や素材を変えたり、グラフィックを施したりするだけでなく、ポストモダンを踏まえた脱構築に軸足を置いていること。そして、その結果として生まれた新しいデザインが、単純に優れているということがある。ウィメンズにおけるスニーカーの躍進、その中で見られたそうした空気が、むしろ今では全体のトレンドを形作りつつあるとも言える。

アートとして

結果としてスニーカーは、かつてよりデザイナーの哲学が反映されるようになり、ある意味、アート性を帯びるようになったと言える。そしてその価値観の変化が、今現在、ナイキ

「ダンク」の世界的なムーブメントを生み出している。

ここまでに説明した通り、「ダンク」は、元々ノンエアの廉価版バスケットシューズだった。それがスケーターに見出され、彼らの芸術的なセンスや関心を映し出した「ダンク　SB」へと結実している。

今もSBは継続的にリリースされているものの、とりわけ2000年代の初期モデルはアート性が強かったこともあり、2021年となった今、プレミニアム化が急速に進んでいる。既に最初のリリースから20年以上の月日が経過していることを鑑みれば、立派なヴィンテージだ。ただ「ダンク」のソールは基本的に加水分解しないため、昨今のスニーカーと比べて原型をとどめやすい。それもブームが続く理由である。

これらを欲しているマーケットの中心はアメリカ、その動向を追う中国。続いてそのムーブメントやG-DRAGONを筆頭に盛り上がる韓国と、それら全体を見る日本のスニーカーヘッズ、というのがおおよその分布図だろう。

世代としては、アーバンカルチャーをフォローする新世代がほとんどで、具体的には1980年代中頃から1990年代後半までに生まれたジェネレーションY（ミレニアルズ）だ。彼らにとっての「ダンク」は、うっすらと記憶に残る存在であり、当時手に入れられなかった憧れの対象として美化されている。彼らはアナログに一定の理解を示しつつも、幼少期にIT革命を経験した最初のデジタルネイティブであり、1980年代のオリジナルと2000年代のSBに等しい価値と情熱を注ぐことができる唯一の世代でもある。

一方、2000年前後に盛り上がったストリートとしての東京をリアルに謳歌した1965から1980年頃に生まれたジェネレーションXにとって「ダンク SB」は既に過去のものであり、異常なまでに高騰化するマーケットに違和感を覚えている人も多いだろう。当時のリセール市場やオークションを通じ、5万円で売買されて驚いたモデルでも、ゆうにその倍を超える時価となり、ホワイトダンク展で発売された「パリ」に至っては、5万ドルを超える取引が実際に行われている。

その意味ではジェネレーションXである著者も、目の前の現実を素直に受け入れるべきかもしれないが、翻ってみれば、1980年代に在庫処分品扱いされた「エア ジョーダン1」や「ダンク」がヴィンテージとして珍重され、高騰した25年前と、根本はさほど変わっていないとも言える。

なお、近年に発売された「ダンク SB」の中では、米国の老舗アイスクリームメーカー「ベン&ジェリーズ」とコラボレーションした通称“CHUNKY DUNKY”が大きなトピックとなった。本書を執筆している2021年5月現在では20万円に近い相場で、激しい争奪戦が繰り広げられている。

ミニカップに描かれる牧場の風景と、溶けて滴るアイスクリームをスウッシュに落とし込んで作り上げたデザインの完成度は高く、さらに韓国の人気アーティスト、BTSのメンバーが着用したことで相場は跳ね上がった。

人気アーティストが及ぼす影響力にはいまだに上限が見られず、PVや授賞式などで映る彼らの足元は、スニーカーの時価を大きく変える重要な外部要因となっている。

写真35 ナイキ「ベン＆ジェリーズ ダンク SB」。WORM TOKYO 提供

一方で「ダンク」は2020年に35周年を迎え、オリジナルカラーが断続的に復刻されている。また、世界的な流通量が少なかった2000年初期の日本企画、「CO.JP」の発案カラーが続々と復刻され、それも市場へ大いに刺激を与えている。

当時の「ダンク」がまとっていたアート性が再評価されるだけでなく、グローバル化以前だからこそ起こりえた「日本」という局所的カルチャーの熱量が、四半世紀を超えてストーリーを脚色し、盛り上げている。

国際化が進む先で

先述したが、中国内における第一次スニーカーブームはバスケットボールブームに端を発した1996、1997年だったが、ストリートの概念が芽生えたのは2000年代中期となるだろう。

立役者は、俳優でありクリエイターのエディソン・チャン。彼は2000年前後、日本で裏原宿のカルチャーを通過し、それを中国国内に持ち帰った。

彼は日本の人気ブランドの服を定価で買うことができる市場を自国に作るべく、2004年、香港にセレクトショップ「ジュース」を設立。数々のブランドと取引を始め、その魅力を中国全土に広めた。それに影響を受けた世代が、勢いのある現在の中国ストリートの主役を担っている。そしてその主役とは、桁外れの金銭感覚を持つ限られた富裕層ではなく、まさにストリート育ちの多くの若者である。

国境を越えてファッションアイテムを求める中国人の一部には、転売目的でプレミアムアイテムを狙って殺到し、行列でのマナーの悪さが日本のワイドショーで報じられるなど、ネガティブなイメージがつきまとった時期もあった。しかし、そういった層とストリートの主役たちは、また別の存在である。

彼らの多くは英語を母国語のごとく流暢に扱い、アメリカと同じ目線でスニーカーを見ることができる。今や日本人よりスニーカーへの愛情が深く、知識欲も旺盛である。日本の若者の多くは、アーバンカルチャーの動向について、もっぱら写真や動画を通じてビジュアル的に共感するのかもしれないが、中国の彼らは、その背景や思想までを理解した上で「いいね！」ボタンを押し、心から共感している。

たとえば著者は2019年、上海で行われたナイキのイベント、AIR MAX DAYに足を運んだが、来場者のほぼ全員が中国人だったにもかかわらず、すべてが英語で行われていたことに驚かされた。ニューヨークで暴動騒ぎまで起こした「ダンクSB」の〝ピジョン〟をデザインしたジェフ・ステイプルや、藤原ヒロシをゲストに呼んだトークセッションも質疑応答はもちろんすべて英語。しかも翻訳も必要としなかった。

知識や経験はまだ日本のストリートに分があるかもしれない。しかし、国際化という点で中国のストリートは一歩、いや数歩先までリードしている。

誤解を恐れずに言えば、今の彼らが日本に求めているのは「安心・安全なマーケット」であることに過ぎない。繊細な気質や歴史が作り上げた編集力やセンスに一定の敬意は払いつつも、最早、カルチャーの中心地ではないことを理解しながら接している。早熟な分、成長スピードが鈍化していた日本市場を横目に、後発でアーバンカルチャーをトレースしてきたリッチな中国市場は、あっという間に日本を追い抜いてしまったのである。

一方で問題点もある。特に彼らがスニーカーのリセール価格をどんどん釣り上げたことによる影響は大きく、「定価で買うことができれば儲かる」という考えを日本人にまで浸透させてしまった。結果として、抽選販売の倍率が高まり、争奪戦の対象にならないようなモデルにまで、ふさわしくない高額なリセール価格が付けられるという現象が起きている。

著者は「コラボレーション」や「オリジナル」といった言葉に反射的に反応するようになった、いわゆるミーム感染がその原因にあると考えているが、ともあれ、急成長した中国のストリートに発展途上な面もあり、カルチャーの教育が行き届いていないのは事実だろう。

履くために生まれたスニーカーだが、ＳＮＳの発展によって、今やすっかり承認欲求を満たす存在となり、その先で投資の対象にまでなった。スニーカーの株式市場である StockX

を起業したジョシュ・ルーバーは、雑誌『ブルータス』（マガジンハウス）で、「ゴムと接着剤でできているスニーカーは、長い時間が経てば状態は確実に悪化する。だから本当の意味での〝投資〟には向かないと思う。短期的に稼ぐ余地はあるけれど」とコメントしている。

今のスニーカー市場は、勢いよく膨らむ風船をハラハラと見ている感覚にどこか近い。風船は、陽に当たり続けていれば自然と劣化するし、空気を入れ過ぎればいつか破裂してしまう。だからこそ、意識して慎重に、賢く維持していかなければならない。絶対に割れない魔法の風船など存在しないし、ましてや金で買うことはできない。

そしてこの大きなムーブメントを支えるのが、自らスニーカーを愛し、履く人であってほしい。

私は心からそう願っている。

おわりに

求められるサステナビリティー

スニーカーにおけるテン年代は、やはり「Re:」の時代だったように思う。デジタルをツールとして復活や再生が図られた結果、ありとあらゆる要素が結びつき、また驚くべきスピードをもって変化した。ある程度のメディアリテラシーを備えていない限り、スニーカーの変異を追うことすら難しかったのではないだろうか。

スポーツシューズとして生まれ、サブカルチャーとともに育ち、アメリカへの憧憬によって付加価値が与えられ、デジタルによってハイプされたスニーカー。モンスターとなったスニーカーはアートやラグジュアリーとも肩を並べ、場合によっては、手元に存在しないまま売り買いされている。

今では、メーカーから発売されるスニーカーでは飽き足らず、カスタマイズやオーダーメイドをする文化も浸透した。それは住宅で言えばリノベーション、古着で言うならリメイクのようなもので、より自己に最適化しようという試みである。

若者の間ではアプリケーションを駆使し、動画編集や画像加工をするのが当たり前になっているが、それもまた自己最適化の一つ。そしてそれはオールドとニュー、アナログとデジタルの融合である。

リバイバルが流行となったテン年代の前半こそ、アナログ世代の側がデジタルを取り入れることで若者に影響を与えることができたのかもしれない。しかし今やすっかり主役は入れ代わり、アナログに興味を持つデジタルネイティブの側が時代を動かしている。ここでのパラダイムシフトはとても大きなもので、スニーカーにとっても、これからの先を占うヒントになっている気がする。

また、スニーカーの未来のあり方を考えたならば、環境問題は避けて通ることができない。たとえば自動車や船舶、航空機や工場などから排出される煤煙や粉塵に含まれ、大気汚染の原因になるとされる粒子状の物質、PM2.5。もちろんそれには、スニーカーを生産したり廃棄したりする過程で生じるものも少なくない。そうした地球規模の深刻な問題を投げかけるという意味で、スニーカーを解体してマスクに変えるアーティストも著者の身近に存在する。

そうした背景のある中、2021年、アディダスは最も普遍的な「スタンスミス」の全商品を再生ポリエステル素材に切り替えることを発表。サステナブル（持続可能）な未来を呼びかける社会的なメッセージとして、スニーカーを利用した。アディダスは、2015年から海洋環境保護に取り組むパーレイ・フォー・ジ・オーシャンズと協業するなど、特にサステナブルへの関心を呼びかけているメーカーだ。

またナイキは二酸化炭素排出量をゼロにすることで、スポーツの未来を守る「MOVE TO ZERO」を掲げ、廃棄物を利用した循環型デザインに注力。2020年には「スペースヒッピー」、2021年は「クレーターインパクト」が登場した。これまでのスニーカーの概念を覆す、その新しいルックスが市民権を得るにはまだまだ時間が必要であろうが、SDGs（持続可能な開発目標）について、カルチャーの視点からも今後は考えるべきだろう。

本書ではずっとスニーカーについて著者が目にしたこと、感じたこと、考えたことを記してきたが、その認識は世代や性別によって異なるだろうし、あらためて一定の言説は存在しないと感じている。

なぜならば、スニーカーは「素材」だからだ。音楽業界でも似たことが言われているが、この先もマテリアライズ（素材化）的な意識を保ち、メーカーもユーザーもアレンジし、さらに進化させていく必要が求められる。

テン年代を追ったことで、スニーカーが時代を超えてコミュニケーションを育む健康的なカルチャーであることを、読者もあらためて理解したのではないだろうか。そして世界中を襲うコロナ禍によってスニーカーを履いて外出がしにくくなった今こそ、著者も含めて「スニーカーとは何か」という根源的な問いに向き合う、ふさわしい時なのかもしれない。

まもなく主役は2000年以降に生まれたジェネレーションZへ完全に移り変わる。彼らの目は、過去よりも未来に向いている。美しい地球をリストアするためのスニーカーを必要とし、またそこに新たな価値を見出すはずだ。

そして次世代は、より意識して先代が作った歴史へと目を向けてほしい。積み上げてきたカルチャーをリセットせずに紡ぐことこそ、時代の主役たちに課された真のサステナビリティーであり、希望あるレボリューションなのでは、と考えている。

最後に。

本書を執筆するにあたって参考にしたのは、読者時代から数えて17年も携わらせてもらった『Boon』をはじめ、スニーカーについて記されたあらゆる雑誌や書籍、そして『WWD』などのウェブ媒体、そしてこれまでの人生を通じて出会った、スニーカーを愛する多くの人たちである。そのすべてを箇条書きで書き記すことは難しいが、ここで最大の敬意を示すとともに御礼を伝え、原稿を締めくくりたい。

そして著者の遅筆に最後まで耐え、二人三脚で作り上げてくれた編集の吉岡宏さんには、ただただ感謝しかない。本当にありがとうございました。

一年前には書き終えているはずだった。しかし執筆中、世界的に広まった新型コロナウイルスにより、あらゆるマーケットと同様、スニーカーも大きな打撃を受けることになった。その行く末をどうにか見届けたいと考えながら、今に至っている。

残念ながら、その深刻な状況は執筆を終えた今日まで変わることはなかった。それでも、メーカーやショップは、その未曽有の危機を乗り越えるべく、必死に努力を続けている。

著者も、膨らみ続けるマーケットから目を逸らすことなく、そして多様化し続ける価値観をトリアージすることなく、ストーリーの続きを見届けたいと思う。

ラクレとは…la clef=フランス語で「鍵」の意味です。
情報が氾濫するいま、時代を読み解き指針を示す
「知識の鍵」を提供します。

中公新書ラクレ
735

1995年のエア マックス

2021年7月10日初版
2021年7月30日再版

著者……小澤匡行

発行者……松田陽三
発行所……中央公論新社
〒100-8152 東京都千代田区大手町1-7-1
電話……販売 03-5299-1730 編集 03-5299-1870
URL http://www.chuko.co.jp/

本文印刷……三晃印刷
カバー印刷……大熊整美堂
製本……小泉製本

Published by CHUOKORON-SHINSHA, INC.
Printed in Japan ISBN978-4-12-150735-8 C1236

中公新書ラクレ　好評既刊

L722 増補版 駆け出しマネジャーの成長論
―7つの挑戦課題を「科学」する

中原 淳 著

突然、管理職に抜擢された！ 年上の部下、派遣社員、外国人の活用方法がわからない！ 飲みニケーションが通用しない！ プレイヤーとしても活躍しなくちゃ！ 社会は激変し、一昔前よりマネジメントは格段に難しくなった。困惑するのも無理はない。人材育成研究と膨大な聞き取り調査を基に、社の方針の伝達方法、多様な部下の育成・活用策、他部門との調整・交渉のコツなどを具体的に助言。新任マネジャー必読！ 管理職入門の決定版だ。

L723 「スパコン富岳」後の日本
―科学技術立国は復活できるか

小林雅一 著

世界一に輝いた国産スーパーコンピューター「富岳」。新型コロナ対応で注目の的だが、真の実力は如何に？ 「電子立国・日本」は復活するのか？ 新技術はどんな未来社会をもたらすのか？ 莫大な国費投入に見合う成果を出せるのか？ 開発責任者や、最前線の研究者（創薬、がんゲノム治療、宇宙など）、注目AI企業などに取材を重ね、米中ハイテク覇権競争下における日本の戦略や、スパコンをしのぐ量子コンピューター開発のゆくえを展望する。

L724 鳥取力
―新型コロナに挑む小さな県の奮闘

平井伸治 著

鳥取県は、日本で最も小さな県である。中国地方の片田舎としか認識されず、企業誘致を提案しても苦笑いされた。しかし大震災と新型コロナ感染拡大により時代の空気と価値観が変わった。鳥取を魅力的な場所と思ってもらえるようになった。新型コロナ感染症対策では、ドライブスルーのPCR検査を導入し独自の施策を展開。クラスター対策条例なども施行し感染者が一番少ない県となった。本書では、小さな県の大きな戦いを徹底紹介する。